Wolfgang Bredow

Regenwasser - Sammelanlage

Ein Leitfaden für Planung und Bau einer Anlage, mit deren Hilfe sich der Verbrauch von Leitungswasser auf Bruchteile reduzieren läßt

ökobuch Verlag & Versand GmbH
Freiburg

Anregungen und Kritik bitte an

Dipl.-Ing. Wolfgang Bredow
Peiner Weg 50
2804 Lilienthal-Kleinmoor
Tel.: 04298/4219

Für ihre Mithilfe und das Beisteuern von Ideen bedanke ich
mich bei:
Reinhard Mahnkopf, Bremen (Beratung über Beton und Mauern)
Johannes Aertz, Bremen (Beratung über Wasserinstallationen)
Adolf Soboll, Weißach (Selbstbauabzweig und Schwimmerventil,
Sandfänger)
Kurt Mühlen, Dreieich (Selbstbau-Hauswasserautomat)
Christian Kuhtz, Kiel (Ideen zum Wassersparen bei WC-Spülungen)

Kapitel 6.0 Regenwassersammelanlage in Aachen wurde von
Susanne Gross und Thomas Bösl geschrieben

Bredow, Wolfgang
Regenwasser-Sammelanlage

1.-5. unveränderte Auflage 1981: 11700 Ex.
6. völlig überarbeitete Auflage April 1985

ISBN 3-922964-17-6

ⓒ Ökobuch Verlag, Grebenstein/Freiburg

Druck: Graphische Werkstatt GmbH, Kassel

Vorwort

Nachdem mein Büchlein in den ersten Auflagen eine unerwartet große Resonanz gefunden hat, wurde es nach nun vier Jahren notwendig, eine völlig neu überarbeitete Fassung herauszugeben. Dieses Buch enthält nur noch einige Teile der ursprünglichen Version und so viel Neues, daß es sicherlich für die Leser der ersten Auflage noch interessant sein dürfte.

Worum geht es bei der Regenwassernutzung? Zunächst einmal muß man sich darüber klar werden, daß Wasser einer unserer knappsten Grundstoffe überhaupt ist, viel knapper als z.B. Erdöl. Weiter sollte man sich überlegen, was wir mit dem Wasser alles machen! Unsere heutige Gesellschaft scheint ein großes Geschick entwickelt zu haben, in möglichst kurzer Zeit, möglichst viel Wasser in Abfall zu verwandeln. Die Wasserbau-Techniker haben hier ein glänzendes Arbeitsgebiet gefunden, denn es ist durchaus nicht einfach, Wasser in derartigen Mengen zu gewinnen, zu hochwertigem Trinkwasser aufzubereiten und dann über ein wahnwitziges Leitungssystem bis in die letzten Häuser zu transportieren. Damit jederzeit auch die finanzielle Basis gesichert ist, hat man es frühzeitig verstanden, durch Gesetze einen Anschlußzwang zu sichern. (Eine solche Firma möchte ich auch gerne haben, bei der jeder gezwungen ist, meine Produkte zu kaufen.) Die Wasserbauer scheinen darüberhinaus das Bestreben zu haben, das verschmutzte Wasser dann möglichst schnell noch möglichst weit zu transportieren.
Durch die Unterbrechung des Wasserkreislaufs der Natur – Regen fällt, versickert teilweise und sammelt sich in Flüssen und Seen, die dann langsam über weitere Flüsse zum Meer strömen – wird eine nahe Katastrophe unserer Versorgungsanlage geradezu heraufbeschworen. Durch gezieltes Abpumpen des Grundwassers kehren sich unterirdische Wasserströmungen um und fließen nicht mehr zu den Flüssen hin, sondern transportieren das schon reichlich verschmutzte Flußwasser zu den Trinkwassergewinnungsgebieten. Wir hatten hier in Bremen einen mittleren Skandal, als die Untersuchungen einer Gruppe Wissenschaftler über die Bremer Trinkwasserqualität bekannt wurde. Seitdem reagiert man allergisch auf Begriffe wie: Uferfiltrat, Wasserqualität usw. Über diese Themen sind bereits Bücher von kompetenteren Leuten geschrieben worden, weshalb ich mich hier mit einer Möglichkeit auseinandersetzen möchte, die jeden befähigt, für sich im Kleinen dieser Entwicklung entgegen zu wirken. Natürlich muß jeder bei der Betrachtung seiner Verbrauchsgewohnheiten anfangen. Läßt sich da nicht schon eine Menge Wasser sparen? Und erst mit der Nutzung des Regenwassers! Mein Buch soll einerseits eine konkrete Bauanleitung für eine solche Regenwasser-Sammelanlage sein, so wie

ich sie selbst gebaut habe, und seither problemlos betreibe, andererseits sind darüberhinaus eine Menge Ideen enthalten, die jeder einzelne Nachbauer weiterentwickeln kann.

Natürlich kann man eine solche Anlage sehr unterschiedlich aufbauen. Meine Anlage ist nur **eine** von unendlich vielen. Und wie die Reaktionen auf die erste Auflage gezeigt haben, gibt es bei uns zum Glück noch ein beachtliches geistiges Potential unter den Selbstbauern. Für mich war der Bau meiner Anlage nicht nur eine Möglichkeit, **Wasser** und damit **Geld** zu sparen. Es hat auch Spaß gemacht und ich habe dabei eine Menge gelernt und Dinge gemacht, die ich vorher noch nicht kannte. Da gibt es dann immer wieder das Argument: Ich würde ja gerne, wenn ich nur könnte... Dies gilt angesichts meiner Bauanleitung nicht mehr! Ich konnte vorher auch nicht, aber ich habe es gewagt.

Den künftigen Selbstbauern möchte ich jedoch auch eine Warnung aussprechen: Der Umgang mit Strom ist nicht ungefährlich, deshalb immer die Sicherung herausnehmen oder den Netzstecker ziehen, wenn am Gerät hantiert wird! Auch mit Wasser kann man kleine Katastrophen erleben, z.B. wenn ein Behälter mit 1000 Litern undicht wird und sich der Inhalt schlagartig ins Haus ergießt. Bedacht werden sollte zudem, daß eine solche Wassermenge ein erhebliches Gewicht hat, das die Statik des Hauses nicht gefährden darf. Und nicht zuletzt sollten die Gesichtspunkte der Hygiene nicht vernachlässigt werden.

Die rechtliche Seite habe ich in diesem Buch ganz bewußt beiseite gelassen. Immer wieder werde ich gefragt: Darf man das denn überhaupt? Was soll überhaupt diese Frage! Leute, die sie sofort stellen, zeigen ihre Unselbständigkeit und sind es eigentlich nicht wert, daß man sich noch mit ihnen auseinandersetzt. Sicher, es gibt ein Versorgungsmonopol der Wasser- und E-Werke (das aus meiner Sicht schon ein deutlicher Rechtsbruch ist!), aber es gibt kein Selbstversorgungsverbot. Das heißt im Klartext, daß ich soviel Strom und Wasser erzeugen darf, wie ich will. Ich darf nur keinen Nachbarn damit versorgen. Das liegt mir aber sowieso fern.

Der einzige Punkt, über den man in diesem Zusammenhang diskutieren kann, ist die Frage der Gebühren. Konkret bezogen auf meine Regenwasseranlage sieht dies so aus: Ich verbrauche eine bestimmte Menge Leitungswasser, das anschließend in die Kanalisation fließt. Außerdem fällt bei uns eine bestimmte Menge Regenwasser an, die in eine getrennte Regenwasserkanalisation ohne Kläranlage läuft. Für beide wird eine Abwassergebühr erhoben, die sich der Einfachheit halber nach der Menge des bezogenen Leitungswassers berechnet (dies kann bei Ihnen durchaus anders sein, so daß Sie womöglich eine regelrechte Regenwassergebühr bezahlen, z.B. für den m^2 bebaute Fläche Ihres Grundstückes). Bei mir fällt nun praktisch kein Regenwasser mehr an, denn ich verbrauche das Regenwasser im Haushalt und zur Gartenbewässerung. Die Abwassermenge bleibt somit konstant, weil ich nur zum Teil das Leitungswasser durch Regenwasser ersetze. Die Gesamtmenge (Regenwasser und Abwassermenge) ist um diesem Betrag geringer geworden. Ich bezahle also mit Recht auch weniger Abwassergebühr! Man könnte sich höchstens darüber unterhalten, welchen Verschmutzungsgrad die beiden Abwassersorten hinterher haben. Ich spare das weniger verschmutzte Regenabwasser ein und liefere die gleiche Menge Haushaltswasser wie vorher. Ich spare also nur die weniger verschmutzte Wassermenge ein, woraus man vielleicht eine zusätzliche Gebühr für die Verschmutzungsdifferenz ableiten könnte, wenn man es ganz genau regeln wollte. Nun, diese Diskussionen sind mit den Stadtwerken gelaufen, worauf man dort der Meinung war, daß dies für sie völlig uninteressant sei. Ich liege also mit meiner rechtlichen Betrachtungsweise soweit richtig, und damit ist der Punkt für mich geklärt. Ja, ich muß andersherum fragen: Was ist eigentlich mit Leuten, die ihr Auto in der Einfahrt waschen und das Abwasser in die ungeklärte Regenwasserkanalisation laufen lassen? Das ist per Abwassergebühr (beinahe hätte ich gesagt per Ablass-Gebühr) genehmigte Umweltverschmutzung höchsten Grades!

So, das mußte einmal gesagt sein. Ich möchte Ihnen nun viel Vergnügen beim Lesen dieses Buches und natürlich bei der Planung und beim Bau Ihrer eigenen Anlage wünschen. Beachten Sie dazu auch die alternativen Hinweise aus Kapitel 5.0 und dem Anhang. Sollten Sie bereits eine Anlage erstellt haben, oder wissen, wo es eine solche gibt, so würde ich mich freuen, wenn Sie mir darüber berichten würden. Vielleicht läßt sich dann nach einer gewissen Zeit einmal eine Referenzliste von besichtigungsfähigen Anlagen erstellen.

Moment mal! Ich werde gerade von unserem "Haushaltsvorstand" gerufen. Die Waschmaschine nimmt kein Wasser auf. Na gut, wir hatten minus 8 °C diese Nacht, das ist aber noch kein Grund für die Anlage, eingefroren zu sein. Wahrscheinlich ist wieder mal die Waschmaschine defekt. Dieses gute deutsche Markenfabrikat streikt mindestens einmal im Jahr: Mal die Heizung, mal die elektrische Temperaturregelung, mal der Programmschalter, mal die Laugenpumpe.--- Richtig, diesmal ist das Einlaßventil kaputt. Es öffnet sich nicht mehr. Aber wir haben ja zwei davon, also wird erst mal in der anderen Programmstufe gewaschen. Tja, tut mir leid, ich habe jetzt keine Zeit mehr für dieses Manuskript. Also ab zur Post damit, und dann Ärmel aufgekrempelt zur nächsten Tat!
Ich wünsche noch einen schönen verregneten Sommer! Gut Nass!

Bremen, den 5. Januar 1985

W. Erdolot

Inhaltsverzeichnis

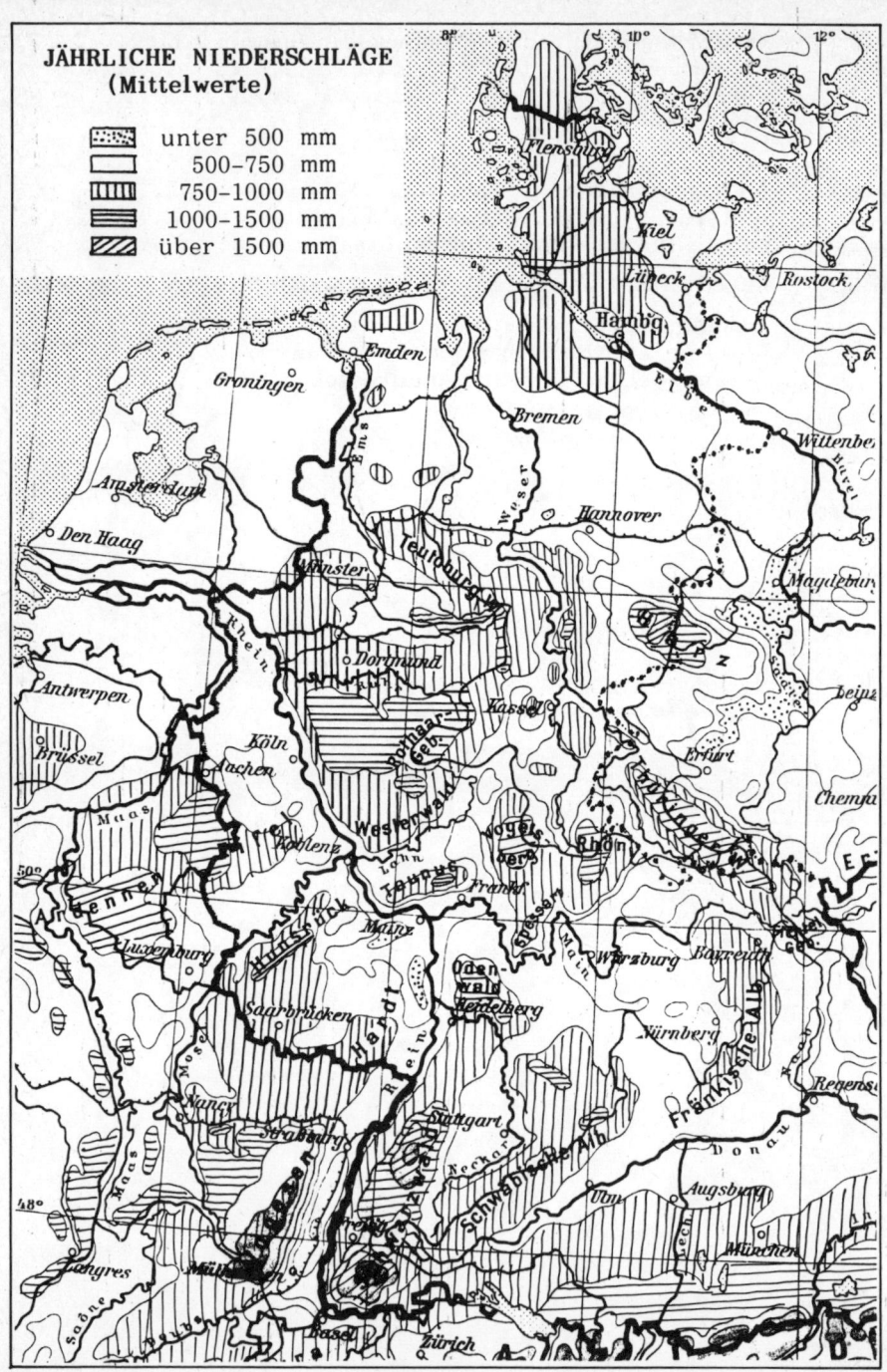

JÄHRLICHE NIEDERSCHLÄGE
(Mittelwerte)

unter 500 mm
500–750 mm
750–1000 mm
1000–1500 mm
über 1500 mm

1.0 Einleitung

Gerade in den letzten Jahren, spätestens aber seit die Ölpreise explosionsartig anstiegen, haben sich sehr viele Leute Gedanken gemacht, wie man dauerhafte Energiequellen anzapfen kann. Viele Leute schritten zum Selbstbau von Sonnenkollektoren und Windkraftanlagen. Das Motiv war meist, neben einer hobbyartigen praktischen Betätigung, die Kosten für den Energieverbrauch zu senken. Strom-, Gas- und/oder Ölkosten konnten somit in erträglichen Grenzen gehalten werden. Dabei standen und stehen bei vielen noch heute der Kampf gegen Atomkraftwerke und die großen Energieversorgungskonzerne sowie das Streben nach dezentraler Energieversorgung und womöglich totaler Selbstversorgung im Vordergrund. Zu einer Selbstversorgung bzw. Kostendämpfung gehört natürlich auch die Wasserversorgung. Auch die Rechnungen der Wasserwerke kommen mit schöner Regelmäßigkeit auf unseren Tisch geflattert und steigen direkt proportional zu allen anderen Kosten. Was liegt da näher, sich auch hier Gedanken um eine Verbesserung dieser Situation zu machen.
Ein anderer wichtiger Aspekt ist der Gedanke an die Wasserverschwendung, die ein jeder von uns betreibt, meist ohne es zu wollen. Daß das Wasser für uns lebensnotwendig ist, dürfte jedem klar sein - allerdings in welchen Mengen braucht es der Mensch? Die Campingfreunde unter uns wissen, mit wie wenig Wasser man auskommen kann (mit 5 bis 10 Liter pro Tag läßt sich's gut leben). Was aber machen wir damit? Bei uns strömt das Wasser in Hülle und Fülle aus der Wand, man braucht ja nur ganz einfach den Hahn aufzudrehen. Aber wozu wird das Wasser benutzt (besser: verschwendet)? Zum Trinken? - wohl kaum, oder nur sehr wenig!!! Hier eine Tabelle mit unseren Verbrauchsgewohnheiten (gemessen in unserem Haushalt mit zwei Erwachsenen und zwei kleinen Kindern):

Verbrauch unserer Geräte:

Waschmaschine	im Waschgang Kochwäsche	125 l
	im 30°C-Waschgang	135 l
Geschirrspüler	im Normal- und Starkprogramm	42 l
Badewanne	Vollbad für eine Person	175 l
Dusche	je nach Dauer stark unterschiedlich ca.	40 l
WC-Spülung		8 l

1.0-1 *Der Künstler erkärt die Anlage dem Fachpublikum*

2.0 Funktion der Regenwasser-Sammelanlage

2.1 Vorüberlegungen

2.1.1 Wasserverbrauch

Am Anfang steht die Überprüfung der Verbrauchsgewohnheiten. Diese sind von Person zu Person stark unterschiedlich. Man ist schließlich einen gewissen Luxus gewöhnt und möchte auch nicht darauf verzichten - soll man auch nicht. Man sollte allerdings seine Gewohnheiten darauf überprüfen, ob nicht hier schon gewisse Einsparungen gemacht werden können. Es soll z.B. Leute geben, die meinen, jeden Morgen und Abend ein Vollbad nehmen müssen. Diesen Reinlichkeitsfanatikern muß man zurufen, daß sie womöglich mehr Schaden als Nutzen anrichten. Sauberer werden sie davon nicht, sie zerstören lediglich ihren natürlichen biologischen Schutz der Haut, denn ge-

wöhnlich wird dann ja noch sehr viel Seife benutzt. Ich kenne mehrere Personen, bei denen übertriebenes "Reinlichkeitsgebaren" zu Hautreizungen führte, die dann mit Ölen und sonstigen chemischen Präparaten gemildert werden mußten, bis hin zu schweren Allergien, die womöglich nie ganz geheilt werden können. Wenn man dann noch Medikamente dagegen schluckt und sich seine Darmflora zerstört, ist der Übergang zur menschlichen Maschine nicht mehr weit. Wohlgemerkt, ich bin nicht der Meinung, daß wir alle zu Dreckschweinen werden sollten. Speziell bei uns führte diese Überlegung zu der folgenden Badegewohnheit:
Regelmäßig kommen die Kinder gemeinsam in die Badewanne. Somit wird das Bad für sie kein Reinigungsakt, sondern ein Planschvergnügen, teilweise nimmt auch ein Elternteil daran teil. Wir Eltern nehmen in der Regel pro Woche ein Vollbad und unterschiedlich einige Duschbäder.

Duschen spart nicht nur Wasser, sondern ist eigentlich wesentlich effektiver und hygienischer, denn man schwimmt nicht in der eigenen Suppe. An sonstigen Waschungen von Händen, Gesichtern, Zähnen und anderen Körperteilen läßt sich wenig sparen, es wird dazu aber auch relativ wenig Wasser verbraucht. Eine Regel sollte man allerdings beachten: Nicht pausenlos das Wasser laufen lassen, sondern nur, wenn man etwas zum Abspülen von Schaum braucht. Ein Fußschalter wäre hier z.B. beim Händewaschen sehr hilfreich.
(Gibt es sowas überhaupt zu kaufen?)
Darüber hinaus läuft in unserem Haushalt jeden zweiten Tag der Geschirrspüler und zwei bis dreimal pro Woche die Waschmaschine. Auf die Waschmaschine kann heutzutage in einem Haushalt mit Kindern nicht mehr verzichtet werden, wohl aber auf einen Wäschetrockner, der neben sehr viel Strom auch Wasser braucht und lediglich nur das erreicht, was eine Wäscheleine auch tut! Über den Gebrauch des Geschirrspülers kann man streiten. Ich bin jedoch gerne bereit, den Beweis zu führen, daß ein solches Gerät nicht mehr Wasser verbraucht als das Handspülen, lediglich mehr Strom (aber auch das Handspülwasser muß in vielen kleinen Portionen aufgeheizt werden), daß ein Geschirrspüler aber wesentlich bessere Arbeit leistet, wegen der höheren Temperaturen, und daß er bei einem Spülgang mehrere Stunden Arbeit erspart. Wir haben diesen Geschirrspülerstreit für uns entschieden - schließlich wollten wir, wie anfangs erwähnt, nicht auf einen gewissen Luxus verzichten. Sonstige Wasserverbraucher gibt es bei uns nicht in nennenswertem Umfang - bis auf den einen, der nahezu die Hälfte unseres Verbrauchs bewirkt, oder besser gesagt, der unser Wasser regelrecht verschwendet und unser Geld durch den Abfluß spült: Ich meine die WC-Spülung. Leute mit Druckspülern sind etwas besser dran, sie können zumindest den Wasserverbrauch dosieren - je nach Größe des "Geschäftes". Wir mit unserem Spül-

kastensystem haben keine Wahl. Jedesmal gehen ca. 8 Liter
Wasser verloren. Eine überschlägige Schätzung bringt nun einen enormen Verbrauch zu Tage: Wie oft geht man am Tag auf
das berühmte "Örtchen"? zweimal? fünfmal? Testen Sie sich
selbst, es ist erschreckend! Bei uns wird auf diese Weise ungefähr die Hälfte des gesamten Verbrauches erreicht. Damit
muß Schluß gemacht werden.
Autowaschen und Gartenbewässerung findet bei uns schon lange nicht mehr statt. Das Autowaschen haben wir inzwischen
völlig gelassen. Wen interessiert es, ob der Lack jede Woche
neu erstrahlt? Das Auto wird entgegen anderer Meinung nämlich nicht immer dreckiger, sondern erreicht schnell einen
Sättigungsgrad, der seine Grenze im nächsten Regen findet.
Waschen kann man das Auto einmal im Jahr bei einer Grundreinigung - das reicht! Bei der Gartenbewässerung, die durchaus notwendig sein kann sieht das schon anders aus. Viele
Leute sammeln dafür Regenwasser, andere haben sich eine
Rammfilteranlage mit Pumpe angeschafft, die sich sehr schnell
amortisiert. Wir beziehen unser Gartenwasser aus einem Bewäs-
serungskanal, der an unserem Grundstück entlangläuft und eine kontinuierliche Versorgung garantiert. Ich habe schon von
Leuten gehört, die im Monat 40 m^3 Leitungswasser in den Garten spritzen!

2.1.2 Messungen

In jedem Haus befindet sich eine Wasseruhr, mit der man den
eigenen Verbrauch in regelmäßigen Abständen messen kann.
Leider gilt dies nicht für Mietwohnungen in Mehrfamilienhäu-
sern. Hier wird bekanntlich der Gesamtverbrauch auf die einzelnen Partien umgelegt. Dies ist natürlich ungerecht, da nicht
der wirkliche Verbrauch bezahlt wird. Und diese Methode ist
nicht dazu geeignet, die Verbraucher zum Sparen zu ermuntern:
Meinen Verbrauch zahlen die anderen ja mit. Vorsicht: Ich
zahle den Verbrauch der anderen mit!

In der folgenden Tabelle ist nun unser spezieller Verbrauch
über einen Zeitraum von einem Jahr inklusive der entsprechenden Kosten gemäß unserer in Abschnitt 2.11 geschilderten Verbrauchsgewohnheiten angegeben. Die Kosten wurden nach den
damaligen Tarifbestimmungen der Bremer Stadtwerke errechnet.
Hierbei ist folgendes zu beachten:
1. Der Wasserpreis ist für die Monate 11/78 bis 3/79 jeweils
   DM 1,15/m^3 gewesen. Ab 1.4.79 erfolgte eine Preiserhöhung
   auf DM 1,40/m^3 (Das waren ca. 21,7% !!!).
2. Hinzu kommt ein täglicher Grundmesspreis von DM 0,20/Tag
3. Auf die Summe dieser Werte wird die Mehrwertsteuer von
   6% bzw. ab 1.7.79 von 6,5% erhoben.
4. Die Abwassergebühr errechnet sich mit DM 1,06/m^3 aus den
   Verbrauchszahlen für Frischwasser.

Monat	Zähler m³	Ver- brauch m³	Preis DM	Gebühr DM	Summe DM	+MWSt DM	Ab- wasser DM	End- summe DM
11/78	47(41)	6	6,90	6,00	12,90	13,67	6,36	20,03
12	53	6	6,90	6,20	13,10	13,89	6,36	20,25
1/79	60	7	8,05	6,20	14,25	15,11	7,42	22,53
2	66	6	6,90	5,60	12,50	13,25	6,36	19,61
3	71	5	5,75	6,20	11,95	12,56	5,30	17,97
4	77	6	8,40	6,00	14,40	15,26	6,36	21,62
5	83	6	8,40	6,20	14,60	15,48	6,36	21,84
6	90	7	9,80	6,00	15,80	16,75	7,42	24,17
7	95	5	7,00	6,20	13,20	14,06	5,30	19,36
8	102	7	9,80	6,20	16,00	17,04	7,42	24,46
9	108	6	8,40	6,00	14,40	15,34	6,36	21,70
10/79	115	7	9,80	6,20	16,00	17,04	7,42	24,46

Eine kurze Auswertung dieser Tabelle zeigt, daß wir im gesamten Abrechnungszeitraum einen regelmäßigen Wasserverbrauch hatten. Kleine Abweichungen entstehen durch Ablesen nur der ganzzahligen Werte, was sich über einen derart langen Zeitraum ausgleicht.
Hier die Zahlen:

		Gesamt	pro Monat	pro Tag
Wasserverbrauch	(m³)	74	6,17	0,20
Wasserkosten	DM	96,10	8,00	0,26
Grundgebühren	DM	73,00	6,08	0,20
Abwasserkosten	DM	78,44	6,54	0,22
Gesamtkosten incl.MWSt	DM	258,00	21,50	0,71

Wir hatten also eine Wasserrechnung von DM 258,00 im Jahr 1979 zu zahlen, wobei wir etwa 200 l pro Tag verbrauchten. Legt man für die Kinder einen halb so großen Verbrauch wie für Erwachsene zugrunde, so ergibt sich ein Verbrauch von ca. 70 l pro Person und Tag! Da die Wasserpreise mit Sicherheit nicht sinken werden, eher unser Verbrauch steigen wird, ist hier in Zukunft mit einer großen Kostensteigerung zu rechnen. Vermutlich liegen unsere speziellen Verbrauchswerte sogar relativ niedrig. Eine Statistik im VGW-Jahresbericht 1973 gab bereits einen Wert von 130 l pro Person und Tag an, bei einer Steigerungsrate von 3 l pro Jahr. Danach läge der heutige Wert bei fast 170 l. Man sieht bereits an diesen Zahlen, daß die Gewohnheiten einen entscheidenden Einfluß auf den Wasserverbrauch haben.
Über die Preisentwicklung nach Fertigstellung der Regenwasser-Sammelanlage wird im Kapitel "Erfahrungen" ausführlich berichtet.

2.1.3 Wasserquellen

Woher kann man nun das Wasser des täglichen Bedarfs bekommen? In unserer heutigen modernen Konsumgesellschaft ist es üblich geworden, sich das Wasser, wie auch die Energie, von einem Monopolunternehmen liefern zu lassen, statt sich selbst darum zu kümmern. Das kostet natürlich seinen Preis. Man muß also etwas bezahlen, das uns die Natur kostenlos liefern würde. Die Wasserwerke haben sich somit eine gute Einnahmequelle gesichert, die durch den bestehenden Anschlußzwang gefestigt ist. Natürlich hat eine solche Versorgung per Lieferant auch Vorteile. So braucht man sich kaum um die Wasserqualität zu kümmern. Das Unternehmen verpflichtet sich, eine bestimmte Mindestqualität zu liefern. Lediglich eine kontinuierliche Versorgung ist nicht gesichert, man müßte dies bei Ausfällen in Betracht ziehen. Es wird dann wohl kaum ein Verschulden des Unternehmens nachzuweisen sein.

An sonstigen Wasserquellen lassen sich Flüsse und Kanäle nennen. Nur wenige Grundstücke werden allerdings von solchen berührt. Selbst dann ist eine Nutzung des Wassers meist ausgeschlossen, da sich dieses mit Sicherheit nicht als Trinkwasser eignet. Ich würde jedenfalls in unserer Region kein Wasser aus einem Bach trinken, wenn ich nicht wüßte, woher das Wasser kommt. Unser Grundstück wird einseitig von einem Wassergraben zur Be- und Entwässerung des sehr feuchten Bodens begrenzt. Hier kann zumindest das Wasser zur Bewässerung des Gartens bezogen werden. Man bekommt dann allerdings auch Sand und kleine Wassertiere mitgeliefert, eventuell auch Keime von Pflanzen oder sonstiges Unerwünschtes (z.B. Unkrautvernichtungsmittel der Nachbarn).

Das Grundwasser, das in vielen ländlichen Gegenden heute noch als Trinkwasser genutzt wird könnte ebenfalls angezapft werden. Hierzu sind dann je nach Vorkommen entsprechende Brunnenbauten erforderlich. Das Grundwasser muß dann meist noch durch Filter aufbereitet werden.
Regenwasser scheint ebenfalls geeignet, sofern es in den richtigen Mengen anfällt. Das Regenwasser ist gewöhnlich sehr weich und relativ sauber. Unsere Pflanzen mögen es ganz gerne, warum sollte es dann nicht auch für uns geeignet sein. Es soll im Raume Bremen heute noch ländliche Anwesen geben, wo sich die Bewohner ihr Trinkwasser aus Regenwasser bereiten.

Schließlich fällt mir als letzte Quelle noch das Wasser ein, das man bereits einmal gebraucht hat. Das Wasser aus Dusche, Badewanne und Waschmaschine ist schließlich nicht sonderlich verschmutzt. Es enthält in der Regel mehr oder weniger große Mengen an Waschmittel, was das Wasser sicherlich für bestimmte Zwecke wie Putzen und Wischen oder für die regelmäßige Auto-

wäsche brauchbar macht. Nicht zuletzt ist das Wasser auch
wegen seiner höheren Temperatur interessant, zumindest kurz-
zeitig.
Man sieht, es stehen noch verschiedene andere Quellen zur Verfügung, und bei längerem Nachdenken könnten sicherlich noch
mehr gefunden werden.

2.1.4 Wasser Sparen

Ein Spruch, vor dem selbst Politiker nicht zurückschrecken
lautet: Wasser einzusparen ist unsere beste Wasser-Quelle. Dies
wird durch ständige Wiederholung (speziell auch auf dem Ener-
giesektor) nicht richtiger. Aber es ist natürlich keine Milch-
mädchen-Rechnung, wenn man sich zunächst einmal Gedanken
ums Sparen macht.
Es wäre sicher nicht sinnvoll, hier nun alle möglichen Spar-
maßnahmen ausführlich darzustellen. Das überlasse ich der
Phantasie des Einzelnen. Dabei sollte klar sein, daß man sich
sofort um leckende Wasserhähne und Schläuche kümmert, oder
daß man die Wasch- oder Spülmaschine möglichst nur dann ein-
schaltet, wenn sie wirklich voll ist. Diese und ähnliche Maßnahmen kann man aus netten kleinen Broschüren der Wasserwerke und der Regierung (z.B. Haushalten im Haushalt, Bun-
deswirtschaftsministerium) ersehen. Hier sollen einige der
wichtigeren Möglichkeiten angedeutet werden.

Beim Verdacht auf **Undichtigkeiten im Leitungsnetz** kann
man für eine bestimmte Zeit (z.B. für eine Nacht) einmal den
Haupthahn des Hauses schliessen und den Zählerstand der Wasseruhr beobachten. Unsere relativ alte Uhr ist eine Mischung
aus Digital- und Analoganzeige. Fünf Stellen werden digital
angezeigt, und vier weitere analog auf kleinen Extra-Uhren.

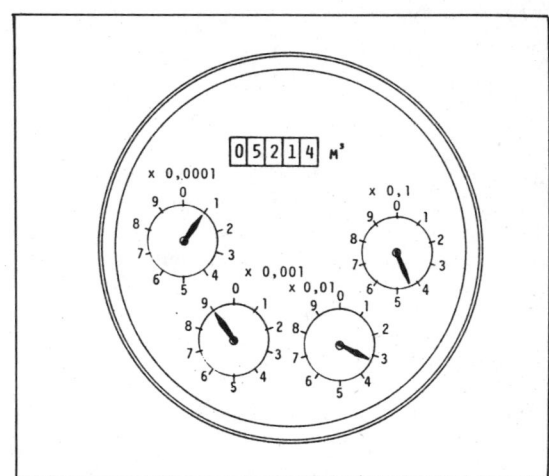

Abb. 2.1-1 Beispiel
einer
Wasseruhr

Beim Ablesen muß man dann den Stand der kleinen Zeiger immer mit dem Stand der nächsten Stelle vergleichen, und die Zahl dann auf den nächsten ganzzahligen Wert abrunden. Der digitale Wert gibt bei uns die m^3 -Zahl an. Die verschiedenen Analogteile werden dann mit den danebenstehenden Faktoren multipliziert und ergeben jeweils Bruchteile von m^3. So könnte z.B. die Zahl 05214,4492 abgelesen worden sein. Der Zähler zeigt also einen Stand von 5214 m^3 an. Von den Ablesern der Stadtwerke wird nur diese Zahl registriert, da man ja in einem Jahr auf eine Menge m^3 Wasserverbrauch hofft, und damit ein halber m^3 mehr oder weniger nicht so wichtig ist, zumal das ja dann im nächsten Jahr verrechnet wird. Für unsere Dichtungskontrolle ist aber gerade die letzte Stelle die wichtigste. In unserem Beispiel steht der Zeiger auf 2. Mit etwas Geschick kann man noch Zwischenwerte ablesen. Aber gerade die vorletzte Ziffer gibt bereits die Literzahl an! Wenn nun ein Wasserhahn tropft, oder das Leitungsnetz des Hauses sonstwo undicht ist, kommt da leicht über Nacht mehr als ein Liter zusammen. Sofern "nur" 1 Liter in einer solchen (8-Stunden)-Nacht verloren tropft, ist dies bereits 1 m^3 in einem Jahr. Nun gut, das ist nicht sonderlich viel. Sofern man aber auf der Wasseruhr bereits nach einer Nacht mehr als einen Liter ablesen kann, könnte der Fall durchaus ernst werden.

Ist das Leitungssystem dicht, so geht es als nächstes an die bisherigen **Verbrauchsgewohnheiten.** Ich gehe davon aus, daß die banalen Regeln der gefüllten Maschine beherzigt werden. Wie sieht es aus mit Händewaschen und Baden? Nach meinen bisherigen Erfahrungen sind hier die Gewohnheiten am unterschiedlichsten. Beim Händewaschen sollte man darauf achten, daß nicht zuviel Wasser ungenutzt vorbeiläuft. Leider geht das oft nicht anders, aber man beobachte sich selbst: Wasser aufdrehen, möglichst voller Strahl; Seife greifen; Hände kurz naß machen; Einseifen, schön lange; dann Abspülen; manche Leute trocknen sich gar erst noch die Hände ab, ehe sie den Hahn zudrehen... Wieviel Wasser ist bei dieser Prozedur ungenutzt geflossen? Zwischendurch beim Einseifen braucht kein Wasser zu fließen, aber soll man mit den Schaumhänden den Hahn anfassen? Ein Fußschalter wäre hier die optimale Ergänzung. So könnte man immer nur dann Wasser laufen lassen, wenn es gerade gebraucht wird. Leider habe ich ein solches Ventil noch nicht bei uns gesehen. Auch dürfte der nachträgliche Einbau kompliziert werden. Bei Neubauten würde ich jedoch empfehlen, nach einer solchen Lösung zu suchen. Es gibt geeignete Ventile für Fußbetätigung in Schwimmbädern. Auch habe ich dieses System in den USA mehrfach in öffentlichen Toiletten gesehen. Hier war es allerdings nicht zum Wassersparen bestimmt, sondern sollte verhindern, daß alle möglichen Leute die Wasserhähne mit Dreckfingern anfassen. Sicher ein wichtiger Beitrag für die Hygiene, aber ein noch besserer fürs Sparen. Ein

Schritt in die richtige Richtung ist der "Gorodal 2000 Wasser-stopp", ein zusätzliches, handbetätigtes Ventil, das auf das Ende des Wasserkrans geschraubt wird. Ich habe das Ding allerdings nicht in Betrieb, da ich es zu umständlich finde.

Beim **Baden** wird offensichtlich am meisten "gesündigt". Da gibt es doch Leute, die angeben, in der Woche ein bis zwei Wannenbäder und jeden Tag zusätzlich noch ein oder mehrere Duschbäder nehmen. Sicher muß jeder selber entscheiden, wann er sich sauber fühlt, aber ist nicht schon dieses Gefühl trügerisch? Was ist eigentlich sauber? Wir sollten uns hier einmal von der bekannten Fernsehreklame abwenden. Sicher benötigt man jeden Tag ein Duschbad, wenn man am Hochofen, in der Gießerei o.ä. arbeitet. Dieses Vergnügen hatte ich auch eine ganze Weile. Mir hat die ständige Duscherei jedenfalls nicht sonderlich gefallen, und meiner Haut, speziell der Kopfhaut, ziemlich geschadet. Ganz klar ist aber, daß bei einem Duschbad bedeutend weniger Wasser benötigt wird als bei einem Wannenbad. Ein Wannenbad ist für mich eigentlich erst dann in Ordnung, wenn die Wanne auch richtig voll ist. Unsere Wanne hat mit einer Person noch Platz für gut 175 Liter Wasser. Für ein Duschbad benötigt man erheblich weniger Wasser. 40 Liter sind wohl enorm, aber es geht auch noch gut mit 15 Litern. Auch beim Duschen läßt sich noch sparen bei Verwendung des "Duschmeisters", eines kleinen Ventils, das zwischen Brauseschlauch und Brause eingeschraubt wird. Bei uns hat er sich allerdings nicht so bewährt, wie es die Reklame verspricht, denn uns Durchlauferhitzer wird dabei abgeschaltet, und das restliche warme Wasser in der Leitung läuft dann langsam heraus. Nach dem erneuten Einschalten gibt es dann erst mal eine "kalte" Dusche, was sehr unangenehm ist. Aber man kann damit leben...

Doch nun zum größten Wasserverbraucher des Haushaltes: dem WC. Bei uns schätze ich den Anteil am Wasserverbrauch durch das WC auf fast 50%. Die bundesweite Statistik spricht von 30%. Immerhin, wer hätte gedacht, daß soviel Wasser benötigt wird, um so kleine "Geschäfte" fortzuspülen? Logischerweise müßten die WC's sofort verboten werden, denn sie sind die unsinnigste Konstruktion, um Abfall loszuwerden. Stattdessen müßten in den Häusern Kompost-Toiletten (nach Art des Clivus Multrum) zum Einsatz kommen. So würde aus unserem Abfall ein wertvoller Stoff entstehen, den wir sogar für das ökologische Gleichgewicht brauchen, und nicht ein Stoff, der unsere Umwelt belastet und Flüsse und Meere vergiftet. Um jedoch auf dem Boden der Tatsachen bleiben, sollten wir zumindest versuchen, diesen Kapitalfehler der Abfallbeseitigung etwas zu mildern. Dazu betrachten wir kurz die verschiedenen Bauformen der herkömmlichen Wassertoiletten.
Die Druckspülungen sind an sich für den sparsamen Umgang

mit Wasser gut geeignet. Nur leider ist die Wirkung meist gering, weshalb dann natürlich umso mehr Wasser zur Spülung gebraucht wird. Mit der Druckspülung kann man zumindest das kleine "Geschäft" gut dosiert beseitigen, und bei Bedarf auch mal länger spülen. Es gibt jedoch auch Bauformen der Druckspülung, die immer für eine bestimmte Zeit pro Knopfdruck spülen. Hier drängt sich der Verdacht auf, daß bei dieser Entwicklung wieder einmal die Wasserverkäufer ihre Hand im Spiel hatten... Sollte man also einen Druckspüler der letzteren Form besitzen, bleibt nur eine Möglichkeit: **sofort ausbauen** und durch einen Spülkasten ersetzen!

Bei den Spülkasten-WC's gibt es im wesentlichen zwei Bauformen, die vermutlich in unendlich vielen Variationen zu haben sind, so daß ich hier nur die wesentlichen Merkmale beschreiben kann. Gerade bei den Spülkästen kann man durch kleine Eingriffe einen großen Spareffekt erzielen. Ich habe z.B. für den "Umbau" unserer beiden Spülkästen, die zufällig von unterschiedlicher Bauform sind, keine halbe Stunde benötigt, und damit bereits einen großen Spareffekt erzielt. Es gibt jedoch auch ein Hindernis dabei: Ein rechtliches. Ich möchte Sie natürlich nicht zum Rechtsbruch auffordern, aber hier ist es wie bei vielen Dingen - man sollte sich überlegen, ob es nicht sogar erste Bürgerpflicht ist, das Recht so zu brechen, daß es hinterher eben noch ein Stück rechter ist! Ich meine den 9-Liter-Paragraphen, nach dem es vorgeschrieben ist, daß ein WC-Spülkasten bei einer Spülung 9 Liter Wasser oder mehr rauschen läßt. Dieser Paragraph stammt aus einer Zeit, als man befürchtete, daß die Abwässer in den Entsorgungskanälen zu dickflüssig würden. Inzwischen gibt es aber soviele neue Waschmaschinen und Geschirrspüler, daß diese Sorge längst überflüssig ist.

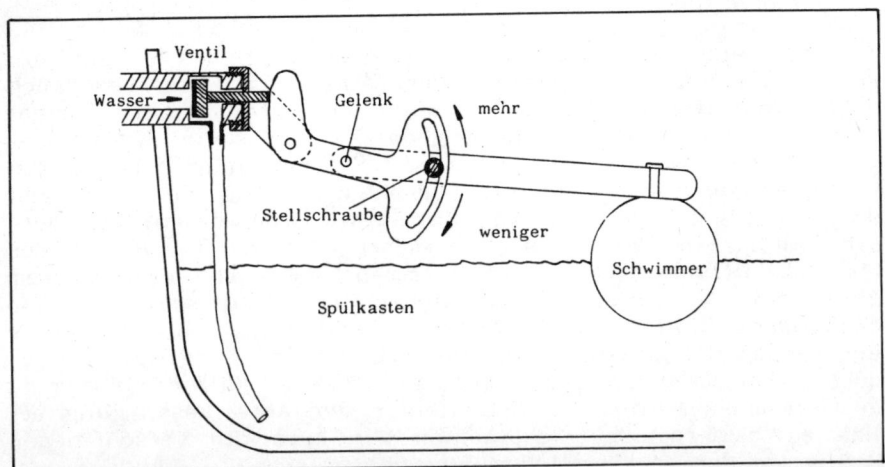

2.1-2 Verringerung der Spülwassermenge durch geänderte Schwimmereinstellung

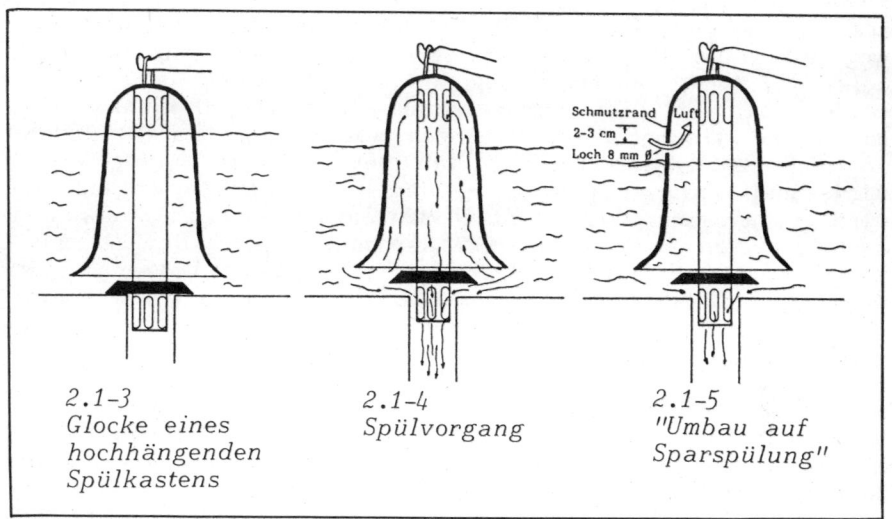

2.1-3
Glocke eines
hochhängenden
Spülkastens

2.1-4
Spülvorgang

2.1-5
"Umbau auf
Sparspülung"

In figure labels: Schmutzrand Luft / 2-3 cm / Loch 8 mm ø

Das Volumen unserer beiden Spülkästen lag deutlich über 10 Litern. Dieses habe ich zunächst etwas begrenzt. Der Wassereinlauf führt meist über ein Ventil, das von einem Schwimmer gesteuert wird. Hier hat man die Möglichkeit, die maximale Füllmenge einzustellen, indem man die Höhe des Schwimmers für die Endlage des Ventils verstellt. Die Mechanik ist äußerst simpel, bei uns war in beiden Fällen eine Flügelmutter vorhanden, so daß nicht einmal ein Werkzeug benötigt wurde. Ich stellte beide Spülkästen auf ein Volumen von 7 bis 8 Litern ein (wie sich durch meine spätere Messung herausstellte).
An dieser Stelle möchte ich zunächst kurz das Prinzip eines WC-Spülkastens erklären und dann einen Umbau beschreiben. Die hochhängenden Spülkästen sind oben offen. Man klettere einmal auf den WC-Deckel und beobachte das Spiel während eines Spülvorganges. In Abb. 2.1-3 ist die Glocke im Schnitt dargestellt. In der Glocke befindet sich, für den Betrachter verdeckt, ein Rohr, das am oberen und unteren Ende außen verschieden große Löcher hat. Liegt die Glocke unten, so verschließt eine große Dichtung die Ablauföffnung. Zieht man nun an der "Strippe", so wird über einen Hebel die Glocke gehoben. Die Ablauföffnung wird freigegeben, die Spülung beginnt. Läßt man den Hebel sofort wieder los, dichtet die Glocke die Ablauföffnung wieder ab. Trotzdem läuft das ganze Wasser des Spülkastens bis zum letzten Tropfen ab. Woher kommt das? In diesem Augenblick befindet sich im Fallrohr eine gewisse Menge Wasser. In der Glocke befindet sich eine gewisse Menge Luft, jedoch in einem abgeschlossenen Raum, der mit dem Wasser im Rohr in Verbindung steht. Das abfließende Wasser zieht nun diese Luft hinter sich her, und diese wiederum zieht das

restliche Wasser des Spülkastens mit, und zwar über den Umweg durch die oberen Löcher des Rohres in der Glocke. (Abb. 2.1-4).

Will man nun diesen Vorgang unterbrechen und nicht immer mit einem Spülvorgang den ganzen Wasserinhalt verschwenden, so muß man dafür sorgen, daß der Luftstrom unterbrochen wird, und dadurch nicht alles Wasser im Spülkasten entleert wird. Sicher könnte man einfach den Wasservorrat im Spülkasten drastisch begrenzen. Es gibt da Vorschläge wie: Einen Ziegelstein in den Spülkasten legen, damit weniger Wasser hinein paßt. Man handelt sich jedoch den erheblichen Nachteil ein, daß auch nie mehr der ursprüngliche Wasservorrat zur Verfügung steht, z.B. für das ganz große "Geschäft".
Es gibt inzwischen auch ein Zusatzgerät zu kaufen, bei dem man durch einen Hebel zwei unterschiedliche Füllmengen im Spülkasten einstellen kann. So wird also z.B. der Spülkasten in der einen Schalterstellung nur mit wenig Wasser gefüllt. Schaltet man um, so fließt der Rest nach, und der Spülkasten ist gefüllt. Da fällt mir aber sofort ein großer Nachteil der Sache auf. Man muß nämlich schon vorher wissen, wie "groß" das in Aussicht genommene "Werk" wird. Es kann einem also passieren, daß man nach erfolgreicher "Sitzung" abzieht, aber nur die kleine Spülmenge eingestellt ist. Das reicht dann nicht, und man muß jetzt erst mal warten, bis der Spülkasten wieder voll gelaufen ist, wobei vorher aber auch noch umgeschaltet werden muß. Auf diese Art wird die Sache zu einer aufregenden wissenschaftlichen Nebentätigkeit.
Da ist die folgende Idee schon viel besser: Man nehme eine alte Plastiktüte und stopfe sie in den Hohlraum der Glocke. Schon ist der Wasser- und Luftstrom durch den Umweg der Glocke unterbrochen und das Wasser fließt nur noch so lange, wie man an der Strippe zieht. Der Vorteil dieses Umbaus liegt auf der Hand, es wird kein Werkzeug benötigt und die Sache ist innerhalb weniger Sekunden erledigt.
Und hier nun die **elegante** Lösung des Problems, dargestellt in Abb. 2.1-5:
Der Umbau dauert ca. 2 Minuten: Man nehme die Glocke aus der Halterung (Achtung: vorher das Eckventil schließen und einmal abziehen). Auf der Glocke kann man den ursprünglichen Wasserstand in Form eines ausgeprägten Schmutzrandes leicht erkennen. Man bohre nun einfach unterhalb dieses Randes ein Loch in die Glocke (8 mm Durchmesser reichen völlig) und setze sie wieder an ihren Platz. Fertig.
Der Spülvorgang läuft nun so ab: Zieht man an der "Strippe" wie gewohnt mit sofortigem Loslassen, so rauscht zunächst das Wasser durch das Fallrohr, ebenfalls wie gewohnt. Sinkt nun aber der Wasserspiegel im Spülkasten bis an das gewohnte Loch, so kann nun Luft in die Glocke eindringen und unterbricht den Wasserlauf. Die Höhe des Loches ist also entscheidend für die Wassermenge. Man kann diese so einstellen, daß es für

das kleine Geschäft immer reicht, also auf etwa 2 Liter. Dies würde einen Abstand von Wasserstand und Bohrloch von ca. 2 cm bedeuten. Eine solche Wassermenge reicht sogar schon oft für das "kleinere große Geschäft". Sollte es jedoch nicht reichen, so hat man noch den Rest des Wassers als Reserve. Dies fließt aber dann nicht mehr automatisch, sondern nur noch, indem man dann ständig an der Strippe zieht.

Zusammenfassung – Hochspülkästen

Umbau: Ein Loch in die Glocke bohren, etwa 2 cm unterhalb des Wasserstandes. (evtl. nach eigenen Vorstellungen auch größer)

Bedie- "Kleines Geschäft": Wie gewohnt einmal kurz ziehen,
nung   das Wasser rauscht dann ab, jedoch nur in kleiner Menge.
        "Großes Geschäft": Strippe dauernd ziehen, nicht loslassen, ehe die Spülung nicht beendet ist. Hier hat man allerdings die Möglichkeit, auch vorher durch Loslassen den Spülvorgang zu beenden.

Vorteil: Durch diesen Umbau (sofern das Wort hier überhaupt zutrifft) hat man einerseits für kleine Mengen immer noch den gewohnten Automatikbetrieb, kann darüberhinaus weitere Wassermenge zugeben, mit dem Vorteil der Dosierbarkeit.

Betrachten wir nun den anderen Spülkasten-Typ. Diese Kästen hängen meist direkt unten am WC und heißen daher Tiefspülkästen. Sie werden in der Regel durch einen Hebel bedient, der sich an der Seite des Kastens befindet und den man nach unten drücken muß. Auch hier ist eine Glocke im Spülkasten angebracht, die jedoch feststeht. Nur das Rohr wird über den Hebel nach oben gezogen. Durch den Sog, den das Wasser am Ablaufrohr bildet, sowie durch einen Styroporklotz, der sich innerhalb der Glocke am Rohr befindet, wird es allerdings nicht ·nach Loslassen des Hebels wieder abgesenkt, sondern schwimmt oben mit dem Wasserspiegel. Damit der Hebel das Rohr nicht nach unten drücken kann, ist dieser mit einem Gelenk versehen. Man sollte sich auch hier einmal den Spülvorgang genau ansehen. Den Deckel des Spülkastens zieht man mit etwas Gewalt einfach nach oben ab. Zur Probe kann man dann einmal während des Spülvorganges das Rohr nach unten drücken, und siehe da: der Spülvorgang wird sofort unterbrochen. Was liegt also näher, als einfach das Gelenk des Hebels mit etwas Bindedraht zu umwickeln, damit es steif wird! Dieser einfache "Umbau" funktioniert ebenfalls tadellos, wegen des kurzen Hebels an der Bedienungsseite wird allerdings eine ziemlich hohe Kraft erforderlich. Der Spülvorgang kann nun wie gewohnt durch Drücken des Hebels gestartet werden, läuft auch wie gewohnt automatisch in voller Länge ab. Will man den

Spülvorgang unterbrechen, drückt man den Hebel einfach wieder nach oben. Dies hat jedoch den Nachteil, daß es nur für Eingeweihte möglich ist, Wasser zu sparen, denn der Spülvorgang wird nicht automatisch unterbrochen.

Diese Automatik kann jedoch auch leicht eingebaut werden, indem man statt des Drahtes ein Gewicht einbaut, das so groß ist, daß es das Rohr und damit die Dichtung nach unten drückt. Hier muß man etwas experimentieren, da die Auftriebskraft des Styroporschwimmers überwunden werden muß. Ich mußte ein Gewicht von 500 gr. einbauen. Dazu schob ich ein entsprechendes Stück altes Eisenrohr über den Hebel. Man könnte auch zunächst den Styroporschwimmer entfernen, was jedoch mit etwas mehr Arbeit verbunden ist. Dies hätte den Vorteil, daß das Gewicht nicht mehr so groß zu sein braucht, und die Hebelkraft beim Bedienen geringer würde.

Ich habe mich für eine Kombination dieser beiden Methoden entschlossen und ein etwas kleineres Gewicht eingebaut, das gerade noch nicht in der Lage ist, das Rohr herabzudrücken. So kann man bei relativ geringem Druck den Hebel bedienen. Siehe dazu Abb. 2.1-6.

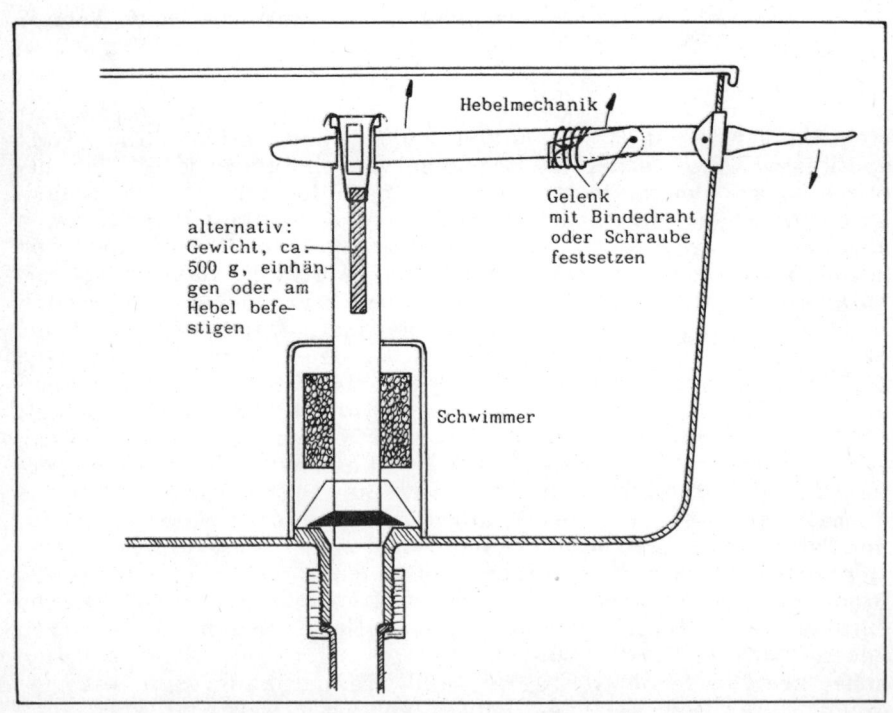

2.1-6 Der Tiefspülkasten mit Umbaumöglichkeiten

Zusammenfassung - Tiefspülkästen

Version 1:

Umbau: Anbringen eines Drahtes, um das Gelenk des Hebels zu versteifen.

Bedienung: Spülvorgang rauscht normal ab, kann jedoch durch Heben des Bedienungsknopfes jederzeit gestoppt werden.

Vorteil: Wassermenge beliebig dosierbar, von kleinsten Mengen an.

Nachteil: Für nicht eingeweihte Personen ist keine Wassereinsparung möglich (Abhilfe: Informationsblatt an der Wand).

Version 2:

Umbau: Anbringen eines Gewichtes (in unserem Fall 500 g), um die Dichtung nach unten zu drücken.

Bedienung: Wasser rauscht nur, solange der Knopf gedrückt wird. Nach Loslassen ist der Spülvorgang automatisch unterbrochen.

Vorteil: Wassermenge beliebig dosierbar, s.o.

Nachteil: Wasser läuft nur, solange der Knopf gedrückt wird, kein Automatikbetrieb, daher für nicht Eingeweihte verblüffend (man vermutet gleich einen Defekt im System).

Man sieht also, daß der Umbau der WC-Spülkästen wirklich eine Kleinigkeit ist. Das ist in wenigen Minuten gemacht. Unsere beiden Spülkästen sind nun auch gleichzeitig unsere größten Wassersparer. Der Hochspülkasten im Badezimmer ist auf 7 Liter eingestellt, wobei ca. 2 Liter automatisch abrauschen. Der Tiefspülkasten erfordert wegen der geringen Fallhöhe etwas mehr Wasser. Ich habe ihn auf 8 Liter eingestellt, wobei man nun stufenlos dosieren kann.

Es gibt noch verschiedene Varianten zu diesen Bauformen, die aber alle auf dasselbe Prinzip hinauslaufen. Ich habe damit keine weiteren Erfahrungen sammeln können. Eine Variante sei jedoch noch erwähnt: Der Tiefspülkasten mit Bedienungsknopf oben auf dem Deckel. Hier sorgt eine Klemm-Mechanik dafür, daß das Rohr oben bleibt. Diese Mechanik wird von einem weiteren Schwimmer oben gehalten. Hier kann man entweder den Schwimmer abmontieren oder ihn entsprechend beschweren. In diesem Fall hätte man dann die oben erwähnte Version 2 des Tiefspülkastens. Eine weitere Möglichkeit der Wasserersparnis in der Toilette ist zumindest für einen Haushalt mit mehreren männlichen Mitbewohnern interessant: Die Anschaffung eines Pissoirs. Dies kommt aber wohl nur bei einem Neubau in Frage!

Der Sanitär-Fachhandel bietet eine Menge Zubehörteile zum Wassersparen an, die man teilweise zu unterschiedlichen Preisen auch in Kaufhäusern erstehen kann. Aber nicht jede Wasserspareinrichtung hält das, was die Reklame verspricht.

Und jetzt geht es zur eigentlichen Regenwasseranlage.

2.2 Die Grundidee

2.2.1 Professionelle Anlage

In einer vor längerer Zeit gesendeten Fernsehsendung und in der Zeitschrift BHW (Beamten-Heimstätten-Werk) Nr. 4/77 fand ich Hinweise auf eine solche Anlage, die von einem Installateurmeister entwickelt und in einer eigenen Firma gefertigt und verkauft wird. Die Idee ist recht einfach und konsequent. Es hat lediglich jemand gefehlt, der eine solche Idee hatte, und diese dann entsprechend weiter entwickelte.

Die Anlage funktioniert folgendermaßen:
Das vom Dach kommende Regenwasser wird in einem Tank aufgefangen und gespeichert. Mittels Tauchpumpe wird das Wasser bei Bedarf in eine Leitung gepumpt, an die die Waschmaschine des Hauses und ein Zapfhahn zur Entnahme von Regenwasser (Blumengießen usw.) angeschlossen werden können. Die Abwässer der Waschmaschine werden nun nicht einfach in die Kanalisation geleitet, sondern in einem zweiten Tank gesammelt. Hier wird auch das einmal gebrauchte Wasser aus Badewanne, Dusche und Waschbecken gesammelt. Dieses Wasser ist ja nicht sonderlich verschmutzt. Es enthält nur wenige Schmutzpartikel und wohl hauptsächlich Waschmittel. Ein Vergleich ergab, daß das Wasser aus der Waschmaschine optisch nicht schmutziger ist als das normale Badewasser. Das Wasser aus Geschirrspüler und Küchenwaschbecken dürfte allerdings zu schmutzig sein. Dieses einmal gebrauchte Wasser wird nun in der professionellen Anlage vorher durch einen Wärmetauscher im Regenwassersammeltank geleitet. Ein großer Teil der Abwasserwärme wird somit zum Vorheizen des Regenwassers benutzt. Also auch Energieersparnis. Aus diesem Tank wird das Wasser ebenfalls über eine Tauchpumpe zu den WC-Spülkästen gepumpt und kann für Reinigungszwecke (Wischwasser, Autowäsche) benutzt werden.
Als Tanks werden hier abgewandelte Öltanks mit je 1100 l Inhalt eingebaut. Die ganze Anlage ist eben professionell ge-

baut, entspricht den Vorschriften und Ansprüchen und ist mit allerlei Zubehör (Pumpen, Schaltkasten, Rohre, Wärmetauscher usw.) versehen. Kein Wunder, daß eine solche Anlage Geld kostet.

Ich möchte daher aus der Preisliste der Firma (Stand März 1979) zitieren, wobei ich nicht weiß, ob es noch andere Firmen mit ähnlichen Anlagen gibt, bzw. ob dieses Angebot in der Form noch existiert:

1. Brauchwassersammelanlage   DM 1.397,75
   (mit allem Zubehör, wie Tauchpumpe, Filter, Überlauf, Pumpenschaltautomatik, Entkeimungsmittel)

2. Regenwassersammelanlage   DM 1.386,55
   (mit allem Zubehör)
   beide Tanks sind aus Kunststoff, 1100 l Fassungsvermögen

3. Wärmetauscher   DM 599,20

4. Regenwassersammelanschluß, je nach Durchmesser   DM 50,00

5. Filter für Regen- oder Brauchwasser   DM 220,00

Bei einer kombinierten Wassersparanlage werden neben diesen Teilen noch diverse Kleinteile wie Verbindungsrohre, Schläuche usw. benötigt, so daß sich ein Gesamtpreis von DM **4.001,50** ergibt.

Selbstverständlich kommen noch weitere Kosten dazu, denn die Anlage will ja auch installiert werden. Dazu sind in einem normalen Haus noch verschiedene Änderungen des Leitungssystems nötig. Selbst, wenn man dies im Eigenbau erledigt, bleibt ein recht stolzer Preis.

Die Frage scheint mir berechtigt, ob sich eine derartige Anlage jemals amortisiert. Oder könnte man es nicht etwas billiger gestalten, indem man die Grundidee aufgreift und etwas weniger professionell ausführt?

Trotzdem sollte man sich die Argumente der Firma anhören, denn sie gelten gleichermaßen für eine Selbstbauanlage:

1. 2/3 Kostenersparnis (Frischwasser und Abwasser)
2. Entsprechende Entlastung des Versorgungsnetzes, weniger Abwasser
3. 80% Waschmitteleinsparung durch das weiche Regenwasser
4. Regenwasser schont die Wäsche, schafft "flauschig weiche" Wäsche
5. Regenwasser bringt keinen Kalkansatz, daher weniger Reparaturkosten an Leitungen und Waschmaschine
6. Freude über Regentage wie in der Landwirtschaft
7. Umweltfreundlichere Abwässer
8. Vorhandene Reserven bei Ausfall der Wasserversorgung, Regenwasser im Notfall abgekocht als Trinkwasser verwendbar

9. Gespeichertes Wasser benutzbar als Löschwasser, erhöhte Feuersicherheit des Hauses
10. Einsparung von Autopflegemitteln, keine Benutzung der Autowaschanlagen, also auch Zeitgewinn
11. Die Betriebsdauer der Hausinstallation wird wegen geringer Belastung wesentlich verlängert
12. Wärmerückgewinnung aus dem Brauchwasser möglich

Alle diese Argumente zeigen einen deutlichen Spareffekt nicht nur an Frischwasser und somit an Wasserkosten. Es werden darüber hinaus auch noch an anderen Stellen Einsparungen entstehen, die allerdings schwieriger zu überblicken sind. Ein Vergleich mit unserer Verbrauchstabelle (auf Seite 13) zeigt, daß wir bei 2/3 Wasserersparnis in einem Jahr etwa einen Betrag von DM 120,00 einsparen könnten (die Grundgebühr bleibt unverändert). Dies würde zu einer Amortisation der hier vorgestellten Anlage nach über 30 Jahren führen. Bis dahin dürften allerdings schon die ersten Reparaturen aufgetreten sein. Nicht berücksichtigt sind hierbei allerdings Teuerungs- und Finanzierungseffekte, die sich mit Sicherheit positiver auswirken. Trotzdem scheint mir diese Zeit zu lang. Also auf zum Selbstbau!

2.2.2 Eigenbauanlage

Sowohl der Selbstbau als auch die Verwendung einer professionellen Anlage erfordern in jedem Fall die Anpassung an die örtlichen Gegebenheiten, die sehr unterschiedlich sein können. Deshalb wird im folgenden der Selbstbau einer Anlage für ein Einfamilienhaus ohne Keller beschrieben.

Beim Bau wurde Wert gelegt auf:
1. Einfache Konstruktion für hohe Nachbausicherheit
2. Leicht zu beschaffende Einzelteile
3. Möglichst preiswert erhältliche Einzelteile
4. Keine speziellen handwerklichen Fähigkeiten und Kenntnisse
5. Kein Spezialwerkzeug
6. Möglichst einfache Installation der Anlage

Diese Punkte sind m.E. recht gut erfüllt. Sollten spezielle Kenntnisse und Fähigkeiten erforderlich werden, so werden diese hier genau beschrieben. Man sollte lediglich etwas guten Willen und ein wenig bastlerisches Geschick mitbringen. Auch können Fähigkeiten wie löten, mauern, betonieren von Nutzen sein.

Grundsätzlich werden verschiedene Standardwerkzeuge benötigt, wie: Hammer, Schraubendreher, Zangen, Sägen, Pinsel, Arbeitshandschuhe usw., also Werkzeuge und Hilfsmittel, die

sowieso in einem vernünftigen Bastlerhaushalt vorhanden sind. Darüberhinaus benötigt man noch spezielle Teile, wie: Bohrmaschine mit Steinbohrer, Gaslötgerät, Eimer, Betonmischkübel, Maurerkelle, Schaufel und Spaten. Diese sind ebenfalls sicherlich teilweise vorhanden oder können ausgeliehen werden. Eine spezielle Anschaffung sollte man sich allerdings überlegen, denn damit würden die Kosten wiederum steigen.
Wichtig ist nur noch die Zeit, die man einfach für ein solches Projekt erübrigen muß. Man sollte nichts überstürzen, lieber etwas länger für die Planung verwenden. Man sollte auch mit anderen Leuten darüber sprechen. So ist bei meiner Anlage so manche gute Idee von lieben Freunden eingeflossen.

2.2.3 Verschiedene Systeme

Ehe es an die konkrete Planung oder gar Bauausführung geht, muß man sich mit den örtlichen Gegebenheiten des Hauses auseinandersetzen. Da die Anlage genau an das Haus angepaßt sein muß, ist es meiner Meinung nach ein großer Unsinn zu meinen, daß man mit einer käuflichen Fertiganlage keine weiteren Probleme hätte. Der Einbau muß auch da gut überlegt werden. Ich möchte zunächst verschiedene Möglichkeiten für Selbstbauanlagen beschreiben, wobei sicher schon ein großer Teil der Möglichkeiten abgedeckt ist. Dies mag als Anregung für eigene Planungen genügen.

2.2-1 Eimeranlage

Eimeranlage (Abb. 2.2.-1)

Diese Konstruktion scheint etwas "amateurhaft" zu sein und genügt nicht einmal normalen "Heimwerkeransprüchen".

Vorteile: Sehr einfacher Aufbau, kaum Planungsarbeit erforderlich. Geringe Kosten, da die Anlage im Extremfall kostenlos erstellt werden kann (Recycling). Da keine Pumpe und keinerlei Leitungen vorhanden sind, ist der apparative Aufwand gleich Null.
Motto: Wo nichts ist, kann auch nichts kaputtgehen! Die Anlage läßt sich in beliebiger Größe erstellen und nachträglich beliebig erweitern.

Nachteile: Kein automatischer Betrieb möglich, Erheblicher Bedienungsaufwand erforderlich. Ständige Sichtkontrolle nötig. Im Winter Probleme mit Vereisung, jedoch Möglichkeit des stückweisen Auftauens.

Aber Spaß beiseite. Auch wenn das Foto gestellt, und die Argumente an den Haaren herbeigezogen wirken, eine solche "Anlage" hat es gegeben. Der Betreiber hat schlicht und einfach 40 Eimer in den Garten gestellt und vollregnen lassen. Jedes Mal, wenn er auf die Toilette ging, nahm er dann einen Eimer mit. Nicht sehr bedienungsfreundlich, aber es geht. Und es ist somit die einfachste Regenwassersammelanlage, die ich je gesehen habe.

2.2-2 Regentonnenanlage der Luxusklasse

Regentonne

Dies ist die am weitesten verbreitete Anlage, wobei der Betreiber oft gar nicht weiß, daß er eine sogenannte "Volks-Regenwassersammelanlage" in Betrieb hat. Das Foto 2.2.-2 zeigt eine solche Anlage, die schon über den simplen Kleingärtnerstatus hinaus geht. Es handelt sich hier um eine ausgewachsene Dreikammeranlage, wie ich sie selbst vorher noch nicht gesehen hatte.

Vorteile: Ebenfalls sehr einfacher Aufbau mit geringem Materialeinsatz. Zur Gartenbewässerung ganz hervorragend geeignet. Es lassen sich beliebig viele Tonnen aneinanderreihen, selbst die letzte Tonne kann noch einen Überlauf bekommen und damit einen kleinen Tümpel speisen.

Nachteile: Kein Automatikbetrieb möglich. Bedienungsaufwand hält sich in Grenzen. Nur für bestimmte Aufgaben einsetzbar. Es sei denn, man bedient sich auch hier eines Eimers. Absolut **nicht** wintertauglich.

Was soll man angesichts der weiten Verbreitung noch sagen, außer, daß dies natürlich auch die Grundlage für meine Anlage war. Ich wollte ursprünglich auch nur drei Tonnen aufstellen und diese dann etwas komfortabler anschließen.

Schwerkraftanlage

Häuser, bei denen sich die Dachrinne relativ hoch befindet, und die Waschmaschine im Keller stehen kann, eignen sich für ein reines Schwerkraftsystem. Das Regenwasser kann dann in einen relativ hoch aufgestellten Behälter fließen. Vor dem Behälter wird ein Filter in die Leitung eingebaut. Der Behälter bekommt außerdem an seiner höchsten Stelle einen Überlauf, der in die normale Abwasserleitung führt. An der tiefsten Stelle wird über ein Handventil der Ablauf angebaut, der dann Verbraucher in den darunterliegenden Stockwerken versorgen kann. Dabei sind relativ große Leitungsquerschnitte erforderlich, da das Wasser drucklos nur sehr langsam fließt. Bei einem WC-Spülkasten spielt dies sicherlich keine Rolle. Das Füllen eines Eimers kann allerdings schon zu einem Geduldsspiel werden, die Waschmaschine nimmt dies eventuell sogar übel. Man prüfe daher zunächst, ob die Waschmaschine für diesen Betrieb geeignet ist. Manche Waschmaschinen stehen während der Phase des Wassereinlaufs für eine bestimmte Zeit still, und laufen dann ohne Rücksicht auf den Wasserstand weiter. Die Stillstandzeit ist so bemessen, daß unter normalen Druckverhältnissen die Maschine immer voll wird. Beim Schwerkraftsystem kann dies aber sehr viel länger dauern, weshalb hier nur Maschinen in Frage kommen, die den Wasserstand selbst erkennen und erst bei einem bestimmten Wasserstand weiterlaufen. Welchen Maschinentyp man hat, kann man leicht prüfen, indem man während des Wassereinlaufs den Wasserhahn absperrt. Bleibt die Maschine dann für "immer" so stehen, ist sie geeignet. Läuft sie aber nach einer bestimmten Zeit weiter, ist sie nicht geeignet. Für die Schwerkrafteignung gibt es leider noch ein zweites Kriterium, das eventuell auch für WC-Spülkästen gelten kann. In der Regel sind die elektrischen Einlaufventile der Waschmaschine so gebaut, daß eine Gummimembran vom Leitungsdruck zur Seite gedrückt wird. Diese Membran verschließt im Ruhestand bereits den Wassereinlauf. Die elektrische Steuerung hebt diesen Verschluß nur mehr oder weniger auf. Die meisten Ventile benötigen daher einen Mindestdruck von 0,5 bar, ehe sie sich überhaupt öffnen. Dies würde für die Schwerkraftanlage bedeuten, daß die Fallhöhe des Wassers vom Becken zur Maschine mindestens 5 m betragen muß. Vielleicht klappt es auch mit weniger, aber wie ist es dann um die Betriebssicherheit bestellt?

Aber auch dieses Verhalten des Ventiles kann man vorher mit einem Schlauch testen, den man in die verschiedenen Stockwerke hinauflegt und mit Wasser füllt. Dabei kann man gut erkennen, von welcher Höhe an die Maschine das Wasser einlaufen läßt. Man darf natürlich nicht vergessen, den Schlauch an die Maschine anzuschließen und den Programmschalter so zu stellen, daß das Einlaufventil geöffnet wird (z.B. meist am Anfang des Programmes).

Vorteile: Relativ einfaches System. Es sind nur ein Behälter und einige Leitungen nötig. Die Anlage funktioniert schon fast vollautomatisch.

Nachteile: Waschmaschine und WC-Spülkasten müssen den geringen Wasserdruck akzeptieren. Die geringe Strömungsgeschwindigkeit kann störend sein. Gravierender Nachteil: Der Behälter kann nur eine bestimmte Größe haben, da die Decke die Last aufnehmen muß. Für die meisten Häuser kann man in der Regel von einer Belastung von 300 kg/m^2 ausgehen. Für einen Behälter von 1 m^3 Inhalt muß man dann schon ca. 3 m^2 Grundfläche vorsehen. Wie hoch die genaue Belastbarkeit der Geschoßdecke ist, kann man nur vom Statiker erfahren. Weiterer Nachteil: Man stelle sich vor, was passiert, wenn der Behälter ein Loch an der falschen Stelle bekommt! (Behälter in eine große Auffangwanne stellen!)

Auf jeden Fall muß betont werden, daß diese Anlage besonders einfach und daher auch billig ist. Man benötigt keine Pumpe und hat damit auch keine zusätzlichen Energiekosten zu befürchten. Die Nachteile der Belastung durch zu hohes Gewicht oder einer potentiellen Flutwelle im Haus kann man wohl nur bei einem Haus mit Hanglage begegnen, indem man den Tank außerhalb des Hauses am Hang plaziert. Aus diesen Gründen wird sich eine reine Schwerkraftanlage vermutlich nur selten realisieren lassen, und wenn, dann nur mit relativ kleinem Volumen. Ich werde darauf nicht näher eingehen, da auch in unserem Haus eine solche Anlage nicht zu verwirklichen war.

Pumpenanlage

Bei dieser Anlage steht der Behälter relativ tief, entweder im Haus (Erdgeschoß oder Keller) oder außerhalb des Hauses (ober- oder unterirdisch). Das Wasser wird dann zu den Verbrauchern durch eine Pumpe transportiert. Die Pumpe erzeugt einen hohen Druck, vergleichbar mit der normalen Wasserleitung (bei uns sogar höher). Somit können alle normalen Verbraucher ohne Einschränkung angeschlossen werden. Mit der Pumpe hat man jedoch ein weiteres Stück "Technik" im Haus, das besonderer Behandlung bedarf und außerdem noch zusätzlich Energiekosten verursacht. Es gibt allerdings Pumpen, die

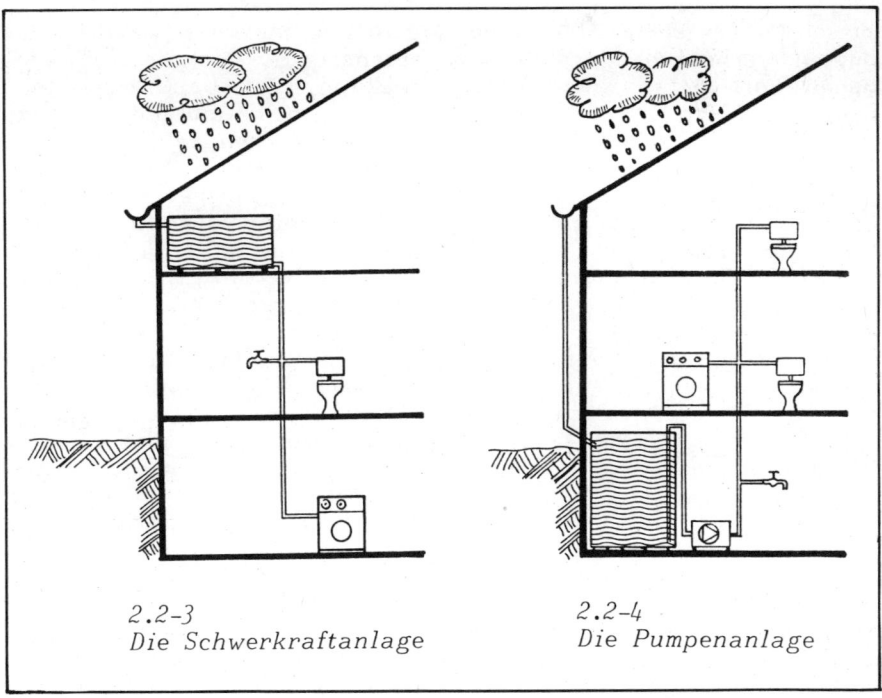

2.2-3
Die Schwerkraftanlage

2.2-4
Die Pumpenanlage

man nach dem Einbau so gut wie vergessen kann, und die Stromkosten für den Betrieb dieser Pumpe sind in der Regel so gering, daß man sie praktisch vernachlässigen kann.

Vorteile: Automatischer Betrieb möglich. Anschluß aller Wasserverbraucher ohne Einschränkung. Aufstellung des Sammelbeckens beliebig wählbar. Sehr einfache Bedienung - kann bis zur Luxusanlage gesteigert werden.

Nachteile: Pumpe und Zubehör erforderlich. Zusätzlicher Energieverbrauch. Zum Bau ist mehr technisches Wissen nötig. Es gibt mehr Fehlerquellen. Wegen des gesteigerten Aufwandes erheblich teurer.

Dieser Anlagentyp ist wohl der universellste. Auch bei uns kam nur dieses Prinzip in Frage. Die Pumpe erwies sich nachträglich als unproblematisch, der Stromverbrauch als gering, so daß ich diesen Anlagentyp voll empfehlen kann. Den höheren Aufwand durch den Einsatz einer Pumpe konnte ich dadurch ausgleichen, daß ich die Pumpe über Steckkupplungen anschloß, so daß ich sie auch noch anderweitig einsetzen kann.

Gemischtes System

Diese Anlagensorte läßt sich eigentlich nur als Zwitter der beiden vorhergehenden Anlagen beschreiben, der die verschiedenen Vorteile in sich vereinigen kann. Man baut also einen Sammelbehälter beliebiger Größe an einen beliebigen Ort und pumpt dann das Wasser mittels Pumpe in einen relativ kleinen Behälter auf dem Dachboden (zur höchsten Stelle des Hauses). Bis hierher handelt es sich also um eine Pumpenanlage, die sich an dieser Stelle in eine Schwerkraftanlage umwandelt. Ich bin kein besonderer Freund dieses Typs, denn es werden auch sämtliche Nachteile beider Anlagentypen vereinigt. Die Pumpe wird sowieso benötigt, dazu noch ein weiterer Behälter mit entsprechender Steuerung für die Pumpe, damit dieser nicht überfüllt werden kann. Außerdem ist eine quasi doppelte Leitungsführung notwendig, und wenn man ganz konsequent nachrechnet, gibt es erheblich größere Stromkosten, denn die Pumpe muß ja alles Wasser erst einmal auf ein sehr viel höheres Niveau pumpen. Und dabei gilt nun mal: je höher desto teurer, und zwar nicht proportional. Diese Anlage ist also am aufwendigsten und teuersten und dürfte nur bei speziellen Erfordernissen gerechtfertigt sein. Man kann natürlich auch Vorteile sehen. Die Pumpe läuft nicht dauernd an, um nach kurzer Zeit wieder stillzustehen. Sie läuft immer erst dann an, wenn der Dachbehälter fast leer ist, und pumpt so diesen dann in einem Zug wieder voll. Hierzu ist allerdings eine ausgeklügelte Steuerung nötig. Ein simples WC-Spülkasten-Ventil ist nicht geeignet,denn dann würde auch wieder nach kurzer Entnahme sofort nachgepumpt werden. Bei diesem Zwittersystem wird also eindeutig die Pumpe geschont, während sich alle anderen Nachteile eher summieren. Nach fünf Jahren Pumpenbetriebserfahrung kann ich aber behaupten, daß eine entsprechende Sorge unbegründet ist. Für mich würde als einziger Vorteil die Versorgungssicherheit zählen. Denn man hätte bei Stromausfall immer noch den vollen Dachbehälter zur Verfügung. Aber bei Stromausfall Waschen?

Vorteile: Versorgungsreserve. Es kann eine relativ einfache und billige Pumpe verwendet werden, die nicht einen so hohen Druck erzeugen muß. (Trotzdem, die Physik läßt sich nicht veräppeln: pro 10 m Steighöhe ist 1 bar Druck erforderlich). Pumpe läuft kontinuierlich ohne viel Schalten. Ansonsten gelten die Vorteile der beiden anderen Systeme.

Nachteile: Zwei Behälter erforderlich. Doppelte Leitungsführung. Energievergeudung, da alles Wasser zunächst auf ein sehr hohes sonst nicht erforderliches Niveau gepumpt werden muß. Es gelten zusätzlich die Nachteile der beiden anderen Systeme.

Für mich kam dieses Zwittersystem nicht in Frage. Es sind aber auch weitere Mischformen denkbar, deren komplette Aufzählung völlig unmöglich ist. Eine Reihe von Leserzuschriften haben mir gezeigt, wieviel verschiedene Möglichkeiten es gibt. Jede Anlage ist somit individuell.

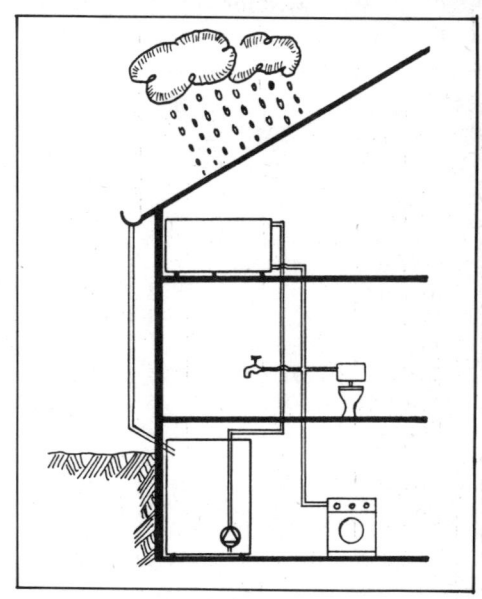

2.2-5 Die "Zwitter" - Anlage

3.0 Die Regenwasser-Sammelanlage

3.1 Regenwasseranfall

Für Bau und Dimensionierung der Regenwasser-Sammelanlage ist es notwendig, sich ein Bild über die Menge des anfallenden Regenwassers zu verschaffen. Eine Tabelle der Niederschläge ist bei dem zuständigen Wetteramt zu bekommen. Einige Tageszeitungen veröffentlichen jeweils am Monatsende entsprechende Daten. Schließlich kann man auch eigene Messungen vornehmen. Im vorliegenden Falle wurde auf die Statistik einer großen Bremer Tageszeitung zurückgegriffen, da diese über den Zeitraum eines Jahres vorlag. Die folgende Tabelle zeigt die ermittelten Werte für denselben Zeitraum, in der auch die Verbrauchsmessung (siehe die Tabelle S. 13) durchgeführt wurde. Die Einheiten werden oft unterschiedlich angegeben in Liter/Quadratmeter oder Millimeter Niederschlag. Hierfür gilt folgender Zusammenhang:

$$1 \text{ l/m}^2 \, \hat{=} \, 1 \text{ mm Niederschlag}$$

Beide Zahlenwerte sind also identisch, wobei im Sinne der einfacheren Berechnung der anfallenden Wassermenge in l/m^2 gerechnet werden sollte.

Die folgende Tabelle enthält die entsprechenden Werte der Jahre 1979 - 1984 wieder im Vergleich zu den langjährigen Mittelwerten:

Regenwasseranfall in l/m^2							
Monat	langj. Mittelw.	1979	1980	1981	1982	1983	1984
Jan.	57	25,7	49,8	63,0	56,3	94,0	89,7
Feb.	54	37,7	46,0	28,0	12,0	41,0	45,5
März	42	62,2	33,8	109,0	54,3	65,2	24,3
April	50	48,2	53,0	9,2	30,5	79,8	19,8
Mai	65	73,6	13,8	109,0	71,0	90,7	78,3
Juni	59	36,8	123,0	101,0	59,9	52,1	55,9
Juli	92	68,8	66,3	46,7	24,3	18,4	32,4
August	79	50,9	58,8	85,2	77,4	13,6	31,4
Sept.	60	32,0	60,4	41,9	14,8	60,0	99,4
Okt.	58	55,0	56,7	87,0	93,2	78,7	90,1
Nov.	60	59,4	58,6	81,5	47,8	64,3	56,2
Dez.	54	54,0	48,5	35,3	49,0	56,7	36,8
Summe	730	604,3	668,7	796,8	590,5	714,5	659,8

Man kann also mit einem Regenwasseranfall von mindestens
500 l/m² pro Jahr rechnen (im schlechtesten Jahr), meist jedoch
mit mehr. Die Tabelle zeigt jedoch auch, daß man keine Re-
gelmäßgkeiten erwarten darf. So gab es im trockensten Monat
nur 9,2 l/m² und im feuchtesten 123 l/m², wobei ein Zeitraum
von 6 Jahren natürlich noch keine "Jahrhundertwerte" bringt.
Diese Messwerte ermutigen zum Bau einer Regenwasser-Sammelanlage, denn jeder m² effektiver Dachfläche liefert im Jahr
kostenlos über einen halben m³ Wasser. Die Dachfläche eines
Hauses eignet sich hierfür besonders, da in der Regel eine
Dachrinne vorhanden ist, die es erlaubt, an meist zwei Stellen
das gesamte Wasser abzunehmen. Man benötigt nur noch eine
geeignete Leitung zum Auffangbehälter. Im vorliegenden Fall
sollte der Einfachheit halber nur die hintere Dachfläche benutzt werden, da das Auffangbecken direkt unter den Ablauf
der Dachrinne gesetzt werden sollte. Es ergab sich somit eine
effektive Dachfläche von 53,2 m² (jeweils nur die waagerechte
Komponente, aus dem Grundriß des Hauses ersichtlich, da nur
diese in die Rechnung eingeht), die gesamte Dachfläche beträgt
75 m². Eine Umleitung des vorderen Ablaufes wurde zur späteren Ertragssteigerung erwogen.
Die folgende Tabelle zeigt entsprechend der vorangegangenen
Tabelle die hochgerechneten Erträge in Liter für das Jahr 1979:

Monat	Niederschläge real hinteres Dach	gesamtes	langjähr. Mittelwert hinteres Dach	gesamtes
	l	l	l	l
11/78	782	1103	3128	4410
12	4091	5767	2873	4050
1/79	1367	1928	3032	4275
2	2006	2827	2873	4050
3	3309	4665	2234	3150
4	2564	3615	2660	3750
5	3916	5520	3437	4845
6	1958	2760	3139	4425
7	3660	5160	4894	6990
8	2708	3818	4203	5925
9	1702	2400	3192	4500
10/79	2926	4125	3086	4350
Summe in l oder	30989	43688	38751	54630
ca. m³	31	44	39	55

Hierbei ist zu berücksichtigen, daß bei leichtem Nieselregen
nicht alles Wasser im Sammelbecken ankommt. Zunächst dauert
es einige Zeit, bis das Dach soweit naß ist, daß überhaupt

Wasser in die Dachrinne fließt. Hört es zu diesem Zeitpunkt dann auf zu regnen, so verdunstet das Wasser, ohne nutzbar geworden zu sein. Die realen Zahlen sind also geringfügig niedriger. Mit der hinteren Dachhälfte würden wir in unserem Fall also fast den halben Wasserbedarf decken können (langjähriger Mittelwert).

Für die dafür nötige Dimensionierung des Regenwasser-Sammelbeckens sind zwei Aspekte von Wichtigkeit:

1. Das Becken sollte so klein wie möglich sein, damit es nicht zu teuer wird.
2. Das Becken sollte so groß sein, daß es stets in der Lage ist, alles ankommende Wasser aufzufangen, damit dies voll genutzt werden kann.

Ein Becken, das ständig überläuft, hat einen geringen Wirkungsgrad. Ein Becken, das nie voll wird, ist überdimensioniert. Hier gilt es, einen Kompromiß zu finden, der sich aus dem Wasserverbrauch und den anfallenden Wassermengen unter Berücksichtigung der Zeitintervalle ergibt.

Hier gibt die Statistik des Wetteramtes einen ersten Anhaltspunkt. Im gemessenen Zeitraum gab es immer wieder in etwa zwei- bis dreiwöchigen Abständen einen oder mehrere Tage mit großen Niederschlagsmengen. Die Tage dazwischen brachten wenig bis gar keinen Niederschlag. Die Menge lag dann jeweils zwischen 20 und 30 l/m^2, bzw. hätte ca. 1000 bis 1600 l Regenwasser gebracht.
Nach unseren Verbrauchsgewohnheiten würde die Waschmaschine in einem solchen Zeitraum 500 bis 800 l Wasser benötigen, so daß die Hälfte des Regenwassers für andere Zwecke (Blumengießen, Toilettenspülung) zur Verfügung stünde. Das Becken sollte in der Lage sein, eine solche Menge aufzufangen und über eine entsprechende Zeit zu speichern. Es sollte hier immer genug Wasser zur Verfügung stehen, so daß möglichst nicht mehr auf Wasser aus der Leitung zurückgegriffen werden muß.

In unserem Fall waren die örtlichen Gegebenheiten ebenfalls ausschlaggebend für die Beckengröße. Dies ist im Einzelfall zu berücksichtigen.

Hier stellt sich die Frage, wie das Sammelbecken ausgeführt werden soll. Ein Kunststofftank, wie er als Heizöltank im Handel ist, eignet sich sicher sehr gut für eine Kellerlagerung oder für eine unterirdische Bauweise. Vor gebrauchten Tanks muß allerdings gewarnt werden. da diese mit Sicherheit nicht restlos vom Altöl gereinigt werden können. Da bei uns die Anlage im Freien gebaut werden sollte, entschlossen wir uns für den Bau eines Sammelbeckens aus Beton und Mauerwerk.

3.2 Dimensionierungshinweise

Ich habe damals den Bau der Anlage frisch und frei ohne
großes Konzept und ohne große Überlegung begonnen. Überlegungen kamen dann erst nach und nach auf. Sollte ich z.B.
in einem anderen Haus noch einmal neu anfangen müssen, so
würde ich mir auf Grund meiner Erfahrungen mit meiner Anlage inzwischen aber schon einige grundlegende Gedanken vor
"Grundsteinlegung" machen. Die Dimensionierung des Sammelbeckens sollte sorgfältig an den Verbrauch und das Regenwas-
seraufkommen angepaßt werden. Betrachten wir zunächst das
Regenwasserangebot!

3.2.1 Regenwasserertrag

Ein Haus hat meist mehrere Dachflächen mit unterschiedlichen
Fallrohren. Eventuell kann man auch noch das Garagendach,
ein Schuppendach oder Terassenflächen nutzen, sofern sich eine vernünftige Wasserzuführung zu dem Ort der geplanten Anlage verlegen läßt. Vielfach dürfte auch die Anordnung der
vorhandenen Fallrohre erst den Ort der zukünftigen Anlage
festlegen. Manche Dachfläche läßt sich vielleicht nur mit größe-
rem Aufwand anschließen und sollte dann vielleicht lieber
ganz entfallen. Ein Reihenhaus hat da immer das Problem, daß
man zumindest eine Seite des Daches quer durch das ganze
Haus leiten müßte, wenn man nicht zwei getrennte Anlagen erstellen will.

Hier eine kleine Berechnungshilfe: Man berechne zunächst
die einzelnen Dachflächen, wobei nur die waagerechte Komponente maßgebend ist, denn der Regen fällt ja jeweils auf eine
waagerecht liegende Fläche. Diese Fläche kann dann meist aus
dem Grundriß des Hauses ermittelt oder aber einfach außen
am Haus nachgemessen werden. Diese Werte trage man in die
folgende Tabelle ein:

Fläche der einzelnen Dächer	zu erwartender Regenwasser-Jahresertrag in m^3		
	Mittelwert	Minimum	Maximum
A .... m^2	....	....	....
B .... m^2	....	....	....
C .... m^2	....	....	....
D .... m^2	....	....	....
Summe:.......... m^2	....	....	....

Die eingetragenen Zahlen werden nun mit den ermittelten Regen-wassererträgen pro m^2 multipliziert und in die drei Spalten eingetragen. Anschließend wird die Gesamtsumme gebildet.

Die Multiplikatoren sind 0,73 für den langjährigen Mittelwert,
0,6 für den minimalen Wert,
0,8 für den maximalen Wert.

Diese Multiplikatoren stammen aus der Tabelle "Regenwasser-anfall" des vorigen Kapitels. Natürlich ist der langjährige Mittelwert nicht der zu erwartende Wert des kommenden Jahres. Aber immerhin hat man hier eine Bezugsgröße. Der Minimalwert dürfte dagegen jedes Jahr zu erreichen sein, während der Maximalwert vermutlich nie erreicht wird. Hier gilt es abzu-schätzen, wieviel Wasser man durch Regenwasser ersetzen will. Die obige Tabelle gibt auch Auskunft über den Regenwasser-anfall auf den einzelnen Dachflächen. Dies zeigt, ob es wirk-lich nötig und sinnvoll ist, auch den letzten Quadratmeter Dachfläche zu nutzen. Vielfach steht der bautechnische Auf-wand in keinem Verhältnis zum Ertrag.

Für unseren speziellen Fall sähe die vorherige Tabelle so aus:

Fläche der einzelnen Dächer		zu erwartender Regenwasser-Jahres-ertrag in m^3		
		Mittelwert	Minimum	Maximum
vorne:	21,8 m^2	15,9	13,1	17,4
hinten:	55,2 m^2	38,8	31,9	42,6
Summe:	75,0 m^2	54,7	45,0	60,0

Man sollte dabei jedoch bedenken, daß nie der volle Er-trag auch genutzt werden kann. Es kommt oft vor, daß es nur ein wenig "nieselt", ohne daß hiervon auch nur ein Tropfen in die Anlage gelangen würde. Nach langjährigen Erfahrungen würde ich hier einen Abzug von ca. 10 % vornehmen, um auf realistische Werte zu kommen. Für uns bedeutet das, daß wir mit mindestens 40 m^3 (eher etwas mehr) rechnen könnten. Da jedoch die vordere Dachfläche nur mit größeren Problemen an-geschlossen werden konnte, und auch nur einen relativ klei-nen Beitrag liefert, entschlossen wir uns, vorerst nur die hin-tere Fläche zu nutzen. Dies bedeutet für unser Beispiel: **ca. 30 m^3 im Jahr.** Es zeigte sich später, daß das Becken zu klein war und damit relativ häufig überlief, was den zu erwarten-den Ertrag stark verminderte.

3.2.2 Wasserverbrauch

Nun zu den Verbrauchsgewohnheiten, die ja, wie bereits geschildert, sehr unterschiedlich und dabei doch so entscheidend sein können. Die folgende Auflistung kann wiederum als Berechnungshilfe genutzt werden. Dazu müssen einige Fragen beantwortet werden: (Für den Datenschutz sind Sie hier selbst verantwortlich)

Vorhandene Verbraucher	An- zahl	Nutzungs- zahl	Fak- tor	Verbrauch in m³
Waschmaschine	.....	....	0,14	....
Geschirrspüler	.....	....	0,04	....
WC-Spülkästen	.....	....	0,01	....
Badewanne	.....	....	0,18	....
Dusche	.....	....	0,04	....
Handwaschbecken	.....	....	6,84	....
(incl. Küche)		Personen		
Sonstige Zapfstellen:	.....			....
....	.....			....
....	.....			....
....	.....			....
....	.....			....

Summe:

Durch Regenwasser ersetzbar: ....

Zunächst trägt man in die Tabelle die Anzahl der vorhandenen Geräte in die entsprechende Spalte ein. Unter Sonstiges kann man dann Gartenbewässerung, Gewächshaus, Autowaschen, Schwimmbad, Sauna usw. eintragen. Die **Nutzungszahl** ist die Zahl, die angibt, wieviel mal das Gerät in einem Jahr genutzt wird. Dabei sollte man jeweils möglichst genau abzählen, wer im Haushalt wie oft welches Gerät in Gang setzt. Das ist gar nicht so einfach, denn wer weiß, wie oft man am Tag auf das WC geht? Also vielleicht mal einige Tage nachzählen! Hier kann man sicher meist einigermaßen genau einen Tages- oder Wochenwert abschätzen. Die Tageswerte werden dann mit 365 (evtl. abzüglich Abwesenheitstage, wie beim Finanzamt), die Wochenwerte mit 52 multipliziert und dann in obige Tabelle eingetragen. Hierbei ist also nicht die Anzahl der vorhandenen Geräte und Verbraucher entscheidend, sondern die Anzahl der Personen des Haushaltes. Beim Handwaschbecken wird diese Nutzungszahl nicht benötigt, hier trägt man an deren Stelle die Anzahl der benutzenden Personen ein. In der nächsten Spalte findet man einen Umrechnungsfaktor, der mit der Nutzungszahl multipliziert wird und den direkten Jahresverbrauch

dieses Verbrauchers in m^3 angibt. Dieser Wert kommt in die
letzte Spalte. Beim Handwaschbecken wird also nur die Zahl
der Personen multipliziert. Bei den sonstigen Verbrauchern
läßt sich sicher auch irgendwie ein Jahreswert angeben.
Die Summierung dieser Jahresverbrauchswerte sollte dann ein
Kinderspiel sein. Nun, ergibt die Summe ungefähr den Wert,
der auch immer auf der Wasserrechnung steht? Nein? Dann
müßten wohl die vorherigen Werte noch etwas korrigiert werden.
Ich muß dazu sagen, daß ich diese Rechnung für unseren Haushalt **nicht** vorher durchgeführt habe, sonst hätte ich Erkennt-
nisse gewonnen, die mir bei der Auslegung der Anlage sehr
hilfreich gewesen wären. So mußte ich erst aus Erfahrung
klug werden, die ich hiermit aber gerne weitergebe.

Nun kommt die eigentliche Abschätzung für die Regenwassernutzung. Man kann sich dazu jeweils ein Kreuz vor den Wert
des Verbrauchers setzen, den man mit Regenwasser zu betreiben gedenkt. Ich würde hier in erster Linie Waschmaschine
und WC vorsehen, evtl. auch noch den einen oder anderen Verbraucher. Nun werden diese Werte gesondert addiert und in
die letzte Zeile gesetzt. Vergleichen wir diesen Wert mit dem
Ertragswert der vorigen Tabelle, so können wir schon erkennen, ob das Regenwasser einen nennenswerten Beitrag zu unserer Wasserversorgung liefern kann.

Ich will Ihnen nun unsere heutigen, soeben von mir ge-
schätzten Werte nicht vorenthalten. Hier ist allerdings schon
ein wenig berücksichtigt, daß wir uns relativ sparsam verhalten (Grundlage: 4 Personen, Verbrauchswerte von 1984).

Vorhandene Verbraucher	An-zahl	Nutzungs-zahl	Fak-tor	Verbrauch in m^3
Waschmaschine	1	156	0,14	* 21,84
Geschirrspüler	1	156	0,04	6,24
WC-Spülung	2	3650	0,01	* 36,50
Badewanne	1	30	0,17	5,10
Dusche	1	250	0,04	10,00
Handwaschbecken	3	4	6,84	27,36
Zapfstelle	2	---	----	(*) 3,00
			Summe :	110,04
	* Durch Regenwasser ersetzbar:			58,34

Da könnten wir also den halben Wasserverbrauch durch Regenwasser ersetzen. Wie ich im Kapitel 4 (Erfahrungen) noch
genauer erläutern werde, treffen diese Zahlen mit rund 4 %

Abweichung tatsächlich zu (eine ungeheuer gute Schätzung, wenn man die Methode berücksichtigt!!!). Unser Regenwasserbecken gibt aber leider nicht soviel her. So betreiben wir jetzt seit langem nur noch die Waschmaschine mit Regenwasser. Bliebe nach dieser Rechnung ein Leitungswasserverbrauch von 88,2 m^3 (1984 waren es 86,0 m^3).

Zum Vergleich: Der statistische Verbrauchswert einer deutschen "Normalperson" beträgt z.Zt. pro Jahr 58 m^3 Wasser. Wir "müßten" also jetzt ungefähr das doppelte verbrauchen, nämlich 234 m^3. Geht es deshalb den Bremer Stadtwerken so schlecht? Aber wer verbraucht wohl unseren "Rest"?

3.2.3 Beckengröße

Die letzte Zahl der vorigen Tabelle ist entscheidend für die nötige Beckengröße. Ein weiterer wichtiger Faktor ist die Versorgungsreserve. Wenn das Becken zu klein und der Verbrauch zu groß ist, ist es ständig leer und erfordert häufiges Umschalten auf die Wasserleitung. Der Regenwasseranfall ist nicht immer gleichmäßig, weshalb des öfteren längere Trockenperioden zu überbrücken sind. Die Statistik zeigt jedoch alle zwei bis drei Wochen einige ausgeprägte Regentage mit hohem Ertrag. Wer vorsichtig ist, rechnet mit 3 Wochen Sicherheit, das bedeutet, daß das Becken den Verbrauch von 3 Wochen speichern muß. (Man dividiert die Jahresverbrauchszahl durch 17 und hat die Beckengröße.)

Hier wieder unser Zahlenbeispiel:	reali- siert	optimal	
Berechneter Regenwasserertrag nach 3.2.1	30,00	40,00	m^3
Berechneter Regenwasserverbrauch 3.2.2	21,84	58,34	m^3 !
Benötigte Beckengröße (3 Wochen Reserve)	1,3	2,4	m^3
(2 Wochen Reserve)	0,9	1,5	m^3

Und so ist es auch tatsächlich eingetreten. Die erste Spalte zeigt die tatsächlich realisierten Werte: Wir haben einen Ertrag von ca. 20 m^3, und bei einer Beckengröße von 1,2 m^3 eine Reserve von nicht ganz 3 Wochen. Es hat also keinen Sinn, mit dieser Anlage auch noch die WC's zu versorgen, denn dann würde der errechnete Verbrauch den Ertrag überschreiten. Mehr verbrauchen als das Dach hergibt kann man allerdings nicht, was sich in der zweiten Spalte deutlich zeigt: Hier ist die gesamte Dachfläche angeschlossen, der mögliche Verbrauch übersteigt aber den Ertrag, und das Becken müßte für eine dreiwöchige Reserve doppelt so groß sein, wie es später geworden ist.

Will man dieses Zahlenspiel nicht nachvollziehen, so kann man sich auch von anderen Gegebenheiten leiten lassen. Z.B. wie teuer ist ein doppelt so großes Becken, denn größer ist sicher besser? Oder hat man festgelegte Abmessungen durch die Baulichkeiten vorgeschrieben? Überhaupt, wohin soll man die Anlage bauen?

Alle diese Überlegungen führten zu der im folgenden Kapitel beschriebenen Ausführungen, die sich nachträglich als zu klein herausstellte. Für uns waren aber auch die baulichen Gegebenheiten wichtig. Außerdem habe ich das Ganze auch als Lernprojekt verstanden, denn ich hatte Derartiges vorher noch nicht gebaut. Nun kann es also an die wohlverdiente Arbeit gehen!

3.2.4 Auswertungsbogen für eigene Dimensionierung
(Hinweise siehe Kapitel 3.2)

Regenwasserertrag

Fläche der einzelnen Dächer in m²	zu erwartender Regenwasser-Jahresertrag in m³		
	Mittelwert	Minimum	Maximum
A			
B	....	....	....
C	....	....	....
D	....	....	....
Summe:	....	....	....

(Anleitung: m²-Zahl wird multipliziert mit 0,66 für Mittelwert
0,54 für Minimum
0,72 für Maximum
In dieser Rechnung ist bereits eine 10%ige Reserve enthalten)

Wasserverbrauch

Vorhandene Verbraucher	An-zahl	Nutzungs-zahl	Fak-tor	Verbrauch in m³
Waschmaschine	.....	....	0,14	.... *
Geschirrspüler	.....	....	0,04	....
WC-Spülkästen	.....	....	0,01	..........**
Badewanne	.....	....	0,18	....
Dusche	.....	....	0,04	....
Handwaschbecken	.....	....	6,84	....
(incl. Küche)		Personen		
Sonstige Zapfstellen:	.....			....
....	.....			....
....	.....			....
....	.....			....
....	.....			....

```
  *   vorgesehen für Regenwasser          Summe:  ..........
 **   vorgesehen für Grauwasser      durch Regenw.  ..........
                                     durch Grauw.   ..........
                                     ersetzbar
                           Rest Leitungswasser:  ..........
```

(Anleitung: Nutzungszahl = Anzahl der Betätigungen pro Jahr zu errechnen aus Tageszahl mal 365 oder Wochenzahl mal 32. Nutzungszahl multipliziert mit Faktor ergibt Verbrauch für 1 Jahr in m³. Bei Handwaschbecken nur Personenzahl einsetzen)

Beckengröße

	Möglichkeiten in m³		
	1.	2.	3.
Berechneter Regenwasserertrag	......	......	....
Berechneter Regenwasserverbrauch	......	......	......
Benötigte Beckengröße	....	......	....

(Anleitung: Beckengröße errechnet sich aus dem in der Spalte vorkommenden Zahlenwert dividiert durch 17 für 3 Wochen Reserve oder 26 für 2 Wochen Reserve
Die verschiedenen Spalten erlauben eine Gegenüberstellung verschiedener Kombinationsmöglichkeiten, auch unter Einbeziehung der Grauwassernutzung. Achtung: Diese Tabelle kann eigene Überlegungen nicht ersetzen).

3.3 Regenwasser-Sammelbecken

Die Skizzen (Seite 46 und 47) zeigen die Lage des Beckens am Haus. Die Terrasse wurde zu diesem Zweck etwas verkleinert. Auf einer Fläche von 1 x 2 m^2 wurden die Platten entfernt und der darunterliegende Füllsand bis zu einer Tiefe von ca. 90 cm ausgeschachtet. Das Becken sollte dann zu etwa 2/3 unterirdisch aus Beton gegossen werden, während der Rest oberirdisch mit Klinkersteinen passend zum Haus hochgemauert werden sollte. Eine Abdeckung aus Holzbrettern sollte dann zusammen mit einer Umrandung aus den übrig gebliebenen Platten eine Sitzbank ergeben, die bei Bedarf mit Polstern oder Kissen belegt werden kann.

3.3.1 Beton–Becken

Bei der Wahl des Sammelbehälters sollte man sich hauptsächlich von den örtlichen Gegebenheiten leiten lassen. Im vorliegenden Fall wählten wir ein Becken aus Beton, um dieses an die Bautechnik des Hauses angleichen zu können. Außerdem war für mich entscheidend, daß ich diesen neuen Werkstoff erst kennenlernen mußte und dies somit ein geeignetes Lernobjekt darstellt.Für den Betrachter scheint dies zunächst zu aufwendig zu sein. Man sollte allerdings berücksichtigen, daß die Kosten für Zement und Steine (hier zusammen rund DM 100,-) geringer sind als für einen Kunststofftank (DM 300,- bis DM 400,-).
Wer darüberhinaus günstig an entsprechende Baustoffe kommt und die damit verbundene Arbeit nicht scheut, sollte wie wir ein Betonbecken bauen. Dies soll nun ausführlich beschrieben werden, so daß auch ein Laie, der noch nie Beton gemischt hat, ans Werk gehen kann. Diese Beschreibung wird einem Baufachmann vermutlich ein müdes Lächeln entlocken, für mich waren die folgenden Arbeitsgänge jedenfalls neu und mußten erst mühsam erlernt werden.

Das geplante Becken hat eine Grundrißgröße von 100x200 cm. Das Fundament (Bodenplatte) soll eine Stärke von ca. 20 cm bekommen. Die Seitenwände werden in einem zweiten Arbeitsgang auf die Betonplatte in einer Höhe von 70 cm und Stärke von 13 cm aufgegossen. Mit dem später zu mauernden oberirdischen Teil ergibt sich eine Füllmenge von ca. 1200 l.

Erforderliches Material: **Kosten:**

1 m^3 Kies (Gemisch aus feinem Sand und Kieselsteinen verschiedener Größe bis 30 mm)	DM 60,00
4 Sack Zement (je 50 kg) (je DM 6,90)	DM 27,60
	DM 87,60

Das Material ist so reichlich bemessen, daß noch für kleinere Arbeiten etwas übrig bleibt!

Erforderliches Werkzeug:

Schaufel, Spaten, Arbeitshandschuhe, Gießkanne oder Eimer, Kübel.
Für die Verschalungsarbeiten werden alte Bretter (z.B. alte Schranktüren) und Leisten sowie Hammer, Nägel und Säge benötigt.

Man lasse sich von einem Baustoffhandel Kies und Zement möglichst nahe an die Baustelle liefern. Für einen eventuellen Transport auf dem Grundstück wäre eine Schubkarre empfehlenswert. Der Zement sollte trocken gelagert werden.
Man beginnt zunächst mit dem Aushub der Grube. Dabei steche man den Boden möglichst senkrecht ab, denn dieser soll später die äußere Form ergeben. In unserem Fall befand sich unter der Terasse eine dicke Lage feinen Füllsandes, der sich bestens formen läßt und auch für Betonierarbeiten als idealer Untergrund angesehen werden kann.
Das Arbeiten mit Beton ist an sich eine einfache Sache, auch wenn manche Fachleute ein Geheimnis daraus machen wollen. In jedem besseren Bastelbuch steht genügend darüber. Wer sich dennoch über das hier erforderliche Maß darüber informieren will, dem sei ein kleines Büchlein aus der Lehrmeister Bücherei (Philler-Verlag, Postfach, 4950 Minden) empfohlen:
Meyer, Betonarbeiten Band Nr. 512 (Kostenpunkt DM 3,00). Ansonsten verfahre ich nach der folgenden Anleitung.

Beton ist ein Gemisch aus Zement, Kies und Wasser. Das Bindemittel Zement hält die Teilchen des Zuschlagstoffes Kies nach dem Abbinden zusammen, wobei Wasser als vermittelndes Element wirkt. Das Verhältnis der Mischung wird dem jeweiligen Verwendungszweck angepaßt. Für andere Zwecke werden zum Teil andere Bindemittel und andere Zuschlagstoffe verwendet. Hier reicht allerdings als Bindemittel der sogenannte Portlandzement und als Zuschlagstoff Kies mit einer Korngröße bis 30 mm. Kies besteht im wesentlichen aus Sand verschiedener Korngrößen und Kieselsteinen. Hier können auch andere Steine oder bereits ausgehärtete Betonstücke zugegeben werden. Man sollte jedoch darauf achten, daß keine Erde und Pflanzenteile dazu kommen, da sich hier später Schwachstellen bilden können. In unserem Fall werden an die Festigkeit des Betons keine allzu hohen Anforderungen gestellt. Das Mischungsverhältnis Zement : Kies wird also 1:5 gewählt. Diese Zahlen beziehen sich auf Volumeneinheiten.
Bei größeren Becken ist es empfehlenswert, den Beton (Fundament und Seitenwände) durch Einlegen von Stahlmatten zu verstärken (Armierung).

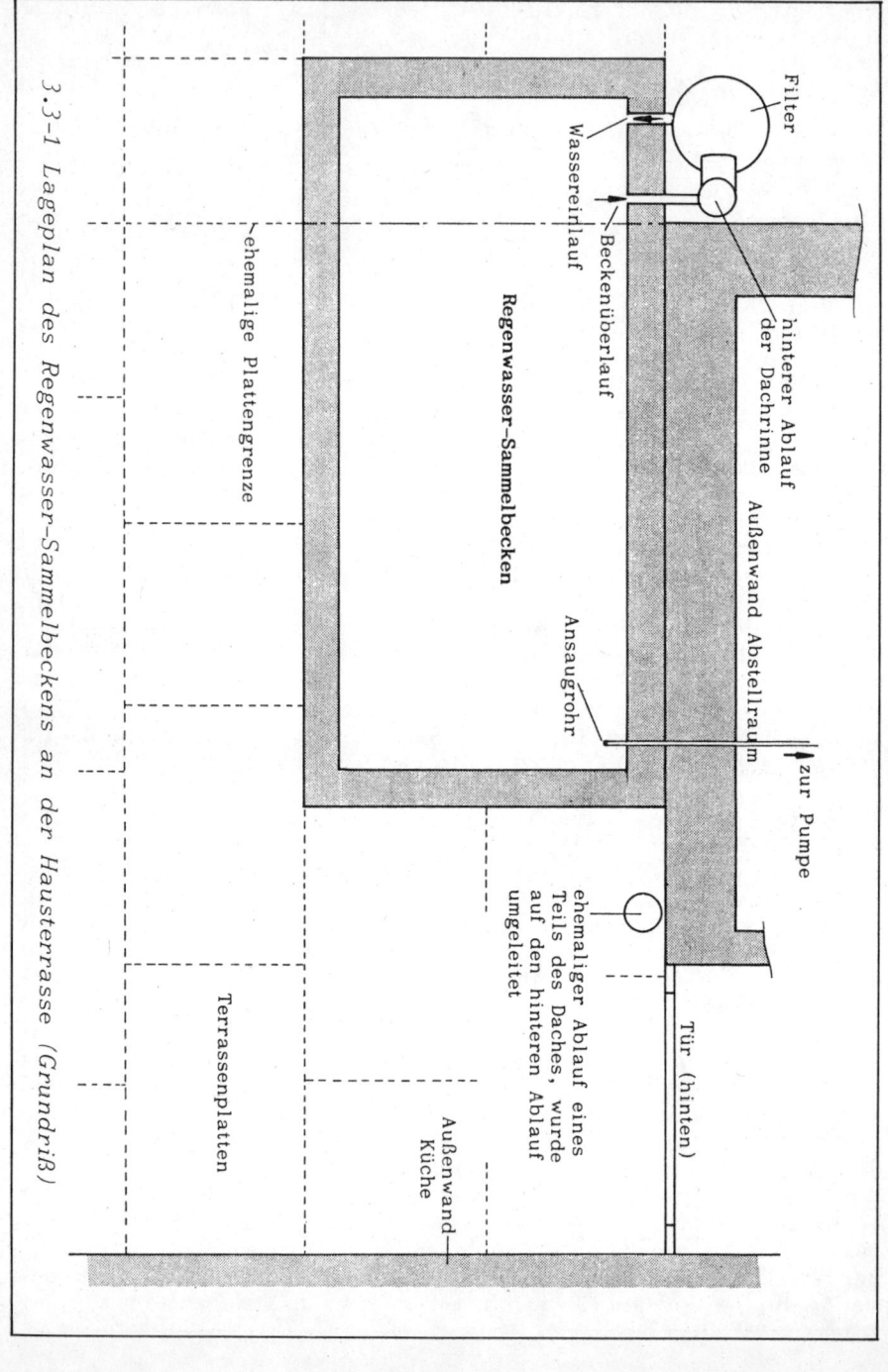

3.3-1 Lageplan des Regenwasser-Sammelbeckens an der Hausterrasse (Grundriß)

Filter

Wassereinlauf

Beckenüberlauf

Regenwasser-Sammelbecken

hinterer Ablauf der Dachrinne

Außenwand Abstellraum

Ansaugrohr

zur Pumpe

ehemalige Plattengrenze

ehemaliger Ablauf eines Teils des Daches, wurde auf den hinteren Ablauf umgeleitet

Terrassenplatten

Außenwand Küche

Tür (hinten)

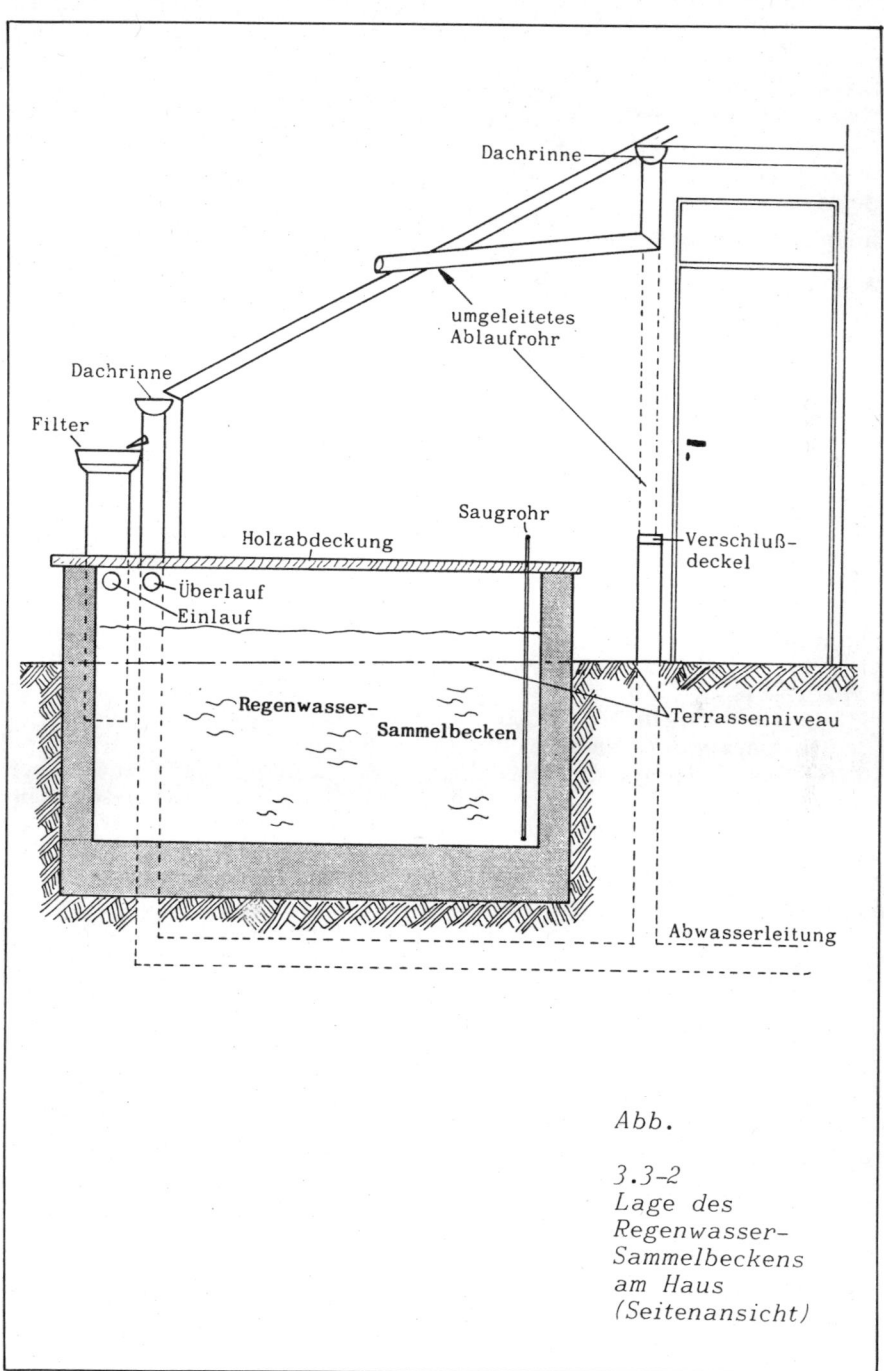

Abb.

3.3-2
Lage des
Regenwasser-
Sammelbeckens
am Haus
(Seitenansicht)

47

Und nun geht es ans Werk. Zunächst soll das Fundament des Beckens gegossen werden, das heißt, der Boden der ausgehobenen Grube wird mit einer ca. 15 bis 20 cm dicken Schicht Beton belegt. Dies kann wegen der großen Menge nicht in einem Stück von Hand gemischt werden. Man hat allerdings genügend Zeit, um dies stufenweise in kleinen Portionen zu tun.

Die einzelnen Arbeitsgänge:

Mischen kann man den Beton am einfachsten in einem größeren Bottich. Es gibt für ca. DM 15,00 solche aus Kunststoff zu kaufen. Natürlich kann man den Beton auch auf einer ebenen Unterlage z.B. aus Holzbrettern mischen. Ich habe die Baustoffe in einen 70 Liter großen Behälter geschüttet, um das Gemisch auch gleich zum Ort der Tat transportieren zu können. Man gibt zuerst 5 Volumeneinheiten (z.B. 5 Schaufeln) Kies in den Mischbehälter. Dann wird eine Volumeneinheit (also dieselbe Schaufel mit derselben Menge) Zement zugegeben und das Ganze mit einem Spaten gut gemischt. Es gibt hierfür auch spezielle Mischgeräte, bis hin zur motorgetriebenen Mischmaschine, deren Anschaffung sich aber für ein derart kleines Projekt nicht lohnt. Das Gemisch ist dann gut durchgemischt, wenn der Kies eine gleichmäßig graue Farbe bekommen hat. Ein übertriebenes Mischen birgt die Gefahr in sich, daß es zu teilweiser Entmischung kommen kann. Dem sind allerdings bei der Handmischerei schon natürliche Grenzen gesetzt.
Die **Wasserzugabe** erfolgt am einfachsten per Gießkanne. Man sollte nur Leitungswasser nehmen, da Regen- oder Flußwasser Stoffe enthalten, die die Bindefähigkeit des Beton verschlechtern können. Mit einer Gießkanne läßt sich die Wassermenge gut dosieren, denn auch hier kommt es auf das Mischverhältnis an. Dazu kann man allerdings keine genaue Zahlenangabe machen. Man hat es allerdings sehr schnell im Gefühl, wieviel Wasser notwendig ist. Man gibt also etwas Wasser zu (bei unserem Zahlenbeispiel etwa 2-3 Liter), und mischt das Ganze. Dann gibt man weiter langsam soviel Wasser zu, bis eine breiige Masse entsteht. Als Anhaltspunkt für die Wassermenge sei angegeben, daß der Brei noch so dickflüssig sein soll, daß er von der leicht schräg gehaltenen Schaufel noch nicht herunterrutscht. Hier macht man nach meiner Erfahrung zunächst den Fehler, daß man zuviel Wasser zugibt. Dies verlängert jedoch die Abbindezeit und beeinträchtigt die spätere Festigkeit.
Gießen kann man dann den fertigen Beton direkt aus dem Mischbehälter in die vorgesehene Form. In unserem Fall kippt man das Zeug einfach in die Grube und mischt dann die nächste Portion an. Die Portionsgröße ist sicherlich individuell unterschiedlich, man sollte sie jedoch nicht zu groß wählen, da man sonst Schwierigkeiten mit der Handhabung bekommen kann.

Um den Brei zu verfestigen, muß man die ganze Masse zum Schluß **stampfen**. Man kann dies mit einem speziellen Betonstampfer tun oder man stellt sich aus einem Brett mit Stiel selbst einen Stampfer her, bzw. man benutzt die eigenen Füße, sofern man über ein Paar alte Schuhe verfügt und sich festhalten kann.

Beim Stampfen werden die Kiespartikel mehr oder weniger zusammengedrückt und verdichtet, so daß der Beton nach dem Abbinden die nötige Festigkeit erhält. Das Ganze wird dann vorübergehend eine wabbelige Masse an deren Oberfläche schon bald eine dünne Wasserschicht steht – eben das zuviel zugegebene Wasser. Man sollte darauf achten, daß die Oberfläche des Betonfundamentes schön glatt wird. Dies erreicht man am einfachsten dadurch, daß man mit einem Brett gleichmäßig über die ganze Fläche zieht und überstehendes Material gleichmäßig verteilt. Ich habe hierzu auf den beiden Längsseiten der Grube zwei alte Holzleisten so auf den Beton aufgelegt und eingedrückt, daß sich eine leicht geneigte Fläche ergab. Über diese beiden Leisten habe ich dann das Abziehbrett gezogen. Die Neigung sollte so sein, daß später das Wasser stets zu der Stelle läuft, an der das Saugrohr der Pumpe in das Becken taucht. Hier wird dann später noch eine zusätzliche Vertiefung eingemeißelt. Wer sich das Meißeln sparen will, sollte hier gleich einen alten Plastikbehälter in den noch weichen Beton drücken.

Nun wird gewartet. Der Beton muß jetzt abbinden und aushärten. Das braucht etwa drei Wochen Zeit, wobei der Beton möglichst immer noch feucht gehalten werden soll, damit sich keine Risse bilden. Auf jeden Fall sollte die Grube schattig gehalten werden. Nach etwa drei Tagen ist der Beton schon relativ hart und eine eventuelle Verschalung (z.B. der Plastikbehälter für das Saugrohr) kann entfernt werden. Jetzt ist es sinnvoll in den Rand des Fundamentes, genau dort, wo als nächstes die Beckenwand gegossen werden soll, eine Riffelung anzubringen, damit sich die Beckenwand besser mit dem bereits ausgehärteten Fundament verbindet. Besser wäre natürlich, wenn man das ganze Becken in einem Rutsch gießen würde, aber dazu wäre der Aufwand erheblich größer, und das Ergebnis zeigt, daß es auch so gut genug geht. Schließlich ist das Becken keiner allzu großen Belastung ausgesetzt.

Nachdem das Fundament ausgehärtet ist, muß man sich wohl oder übel als Zimmermann betätigen und aus Holz eine Verschalung für die Beckenwände zimmern. In meinem Fall reichten zwei alte Schranktüren für die Längsseiten und eine weitere Tür für die beiden Stirnseiten. Die Türen hatten zufällig die richtige Breite, um hochkant gestellt vom Fundament bis zur Erdoberfläche zu reichen. Ein aus diesen Teilen und ein aus ein paar Leisten zusammengenagelter Kasten reichte aus. Er wurde mitten auf das Fundament gestellt und der verbleibende Raum zwischen Verschalung und der abgestochenen Grube in einem weiteren Arbeitsgang ebenfalls wie beschrieben mit Beton gefüllt. Die Abmessungen der Verschalung sollten so gewählt werden, daß eine ca. 15 cm starke Betonwand gegossen werden kann. Auch hier ist auf besonders sorgfältiges Stampfen Wert zu legen, das man in regelmäßigen Abständen während der ganzen Arbeit machen sollte, damit die Wand über ihre ganze Tiefe gleichmäßig verdichtet ist. Fehler beim Stampfen zeigen sich später in der Wandoberfläche als Löcher.

Nach einigen Tagen Trockenzeit kann die Verschalung abgenommen werden. Ebenfalls nach drei Wochen ist der Beton genügend abgebunden, um mit dem nächsten Arbeitsgang beginnen zu können: dem Hochmauern des Beckenrandes und dem Verputzen.

Bei all diesen Arbeiten sei darauf hingewiesen, daß der Umgang mit Zement nicht gerade gesundheitsförderd ist. Zement und Beton sind diesbezüglich mit die übelsten Baustoffe, deren Gebrauch möglichst eingeschränkt werden sollte. Noch dazu ist die Herstellung von Zement sehr energieaufwendig. Allerdings hat Beton den Vorteil der einfachen Verarbeitung.

3.3-3 So sah das Becken nach etwa einem halben Betriebsjahr und einer Grundreinigung aus. Hinten das Saugrohr mit entsprechender Vertiefung

Dem geübten Betonierer wird eine stabilere Lösung mehr liegen: Man sollte das Becken durch eine Stahlarmierung verbessern. Baustahlmatten kann man ebenfalls im Fachhandel bekommen und während des Betonierens in das Becken einarbeiten. Dazu formt man das Stahlgitter oder auch vorhandene Eisenstangen so, daß sie später gleichmäßig von Beton umgeben werden. Sie dürfen nirgends mit Luft in Berührung kommen, da es hier sonst später Rostschäden geben kann. Eine solche Armierung hat den Vorteil, daß das Becken insgesamt viel stabiler wird, wobei man dann auch das Fundament und die Beckenwand dünner herstellen kann. Außerdem kann man nach fertiggestelltem Fundament mit entsprechend herausragender Armierung die Seitenwände besser angießen, ohne daß die Gefahr von Rißbildung gegeben wäre. Da aber das Becken völlig im Erdreich gelagert wird, also rundherum gut abgestützt ist, und von innen ein relativ gleichmäßiger Wasserdruck zu erwarten ist, werden hier an die Stabilität keine allzu hohen Anforderungen gestellt. Ich habe deshalb auch auf diese Mehrarbeit verzichtet, nicht zuletzt, weil ich mich hiermit nicht gut auskannte.

3.3.2 Mauer-Rand

Der oberirdische Teil des Beckens sollte dem Haus angepaßt sein und wurde daher in unserem Fall mit roten Ziegelsteinen gemauert. Dieser Rand wurde so hoch gemauert (5 Lagen Ziegelsteine), daß man das ganze Becken abgedeckt später als Sitzbank für die Terrasse mitbenutzen konnte.

Benötigtes Material: **Kosten:**

Zement (Rest vom Betonbecken) ca. 1/2 Sack   ----
120 Ziegelsteine NF (Normalformat)   je DM 0,50 bis DM 0,75
Sand   ----

Erforderliches Werkzeug:

Schaufel, Spaten, Maurerkelle, Gießkanne, Kübel, Hammer 500g

Im vorliegenden Fall konnte ich gerade die richtige Anzahl Ziegelsteine von einem Nachbarn geschenkt bekommen, und den Sand habe ich mittels Sieb aus dem übriggebliebenen Kies gewonnen, wobei noch eine Anzahl Kieselsteine übrig blieben, die anderweitig gebraucht wurden.
Auch über das Mauern kann man in Bastelbüchern genügend lesen. Man sollte jedoch einmal einem Fachmann bei der Arbeit zusehen, denn es gehört etwas Geschick und Erfahrung dazu. Meine erste Mauer wurde daher, wie man auf späteren Fotos sehen kann, nicht besonders berühmt, aber sie erfüllte ihren Zweck, und das reicht ja zunächst!

Die Steine haben genormte Abmessungen und Bezeichnungen: z.B. NF = Normalformat: Höhe 71mm, Breite 115mm, Länge 240mm Diese Abmessungen sind so bemessen, daß zwei Steinbreiten mit einer Mörtelfüge zusammengefügt eine Steinlänge ergeben. Der Mörtel dient nicht, wie man meinen könnte, als Klebstoff, der die Steine zusammenhält, sondern soll in erster Linie Ungleichmäßigkeiten zwischen den einzelnen Steinlagen ausgleichen. Der eigentliche Mauerverbund wird durch die spezielle Schichtung der Steine erreicht. So ist es also sehr wichtig, daß die Steine jeweils so verlegt werden, daß sich keine langen durchgehenden Fugen bilden, die zu einem Auseinanderbrechen der Wand führen können.

Die einzelnen Arbeitsgänge:

Mörtel mischen kann man ähnlich wie Beton. Nur sollte jetzt kein grober Kies sondern feiner Sand verwendet werden. Es gibt auch Fertigmörtel zu kaufen, der jedoch um ein Vielfaches teurer ist. Wir mischen also 5 Teile Sand und ein Teil Zement zunächst trocken und dann unter Zugabe von Wasser. Man sollte hier immer nur kleine Mengen mischen, denn beim Mauern wird ja nicht soviel verbraucht.

Das **Mauern** sollte erst nach einer gewissen Vorbereitung starten. Hierzu gehört, daß man die Steine säubert und in greifbarer Nähe zur Mauer stapelt. Nun kann man beginnen, indem man zunächst mit der Kelle den breiförmigen Mörtel auf das Betonfundament gibt. Dann legt man den ersten Ziegelstein satt in diesen Brei und richtet ihn mit leichten Schlägen aus. Der nächste Stein wird zunächst an der Stirnseite mit etwas Mörtel versehen und dann mit dieser Seite an den ersten Stein angelegt und ebenfalls ausgerichtet. Dies geschieht dann der Reihe nach bis die erste Lage ausgelegt ist. Hierzu noch einige Tips:

Es sollte immer in den Mauerecken begonnen und zur Mauermitte hingearbeitet werden.

Die letzte Lücke wird dann meist nicht mehr mit einem ganzen sondern einem gekürzten Stein geschlossen. Diese gekürzten Steine sollen im Interesse eines guten Mauerverbundes nie in der Mauerecke liegen, da sich sonst ungünstige Fugenverläufe ergeben können.

Um eine optisch einwandfreie Mauer zu erhalten, werden die Steine jeweils nach Farbe und Oberfläche sortiert und an einer vorher gespannten Leine (Richtschnur) verlegt.

Die Mörtelmenge sollte jeweils so bemessen werden, daß beim Verlegen auf beiden Seiten der Mauer etwas Mörtel hervorquillt, der dann mit der Kelle abgekratzt wird. Er kann zurück in den Mörtelkübel und wiederverwendet werden.

Ehe der Mörtel abgebunden hat, sollte man die Außenfläche der Wand mit einem nassen Schwamm abwaschen, damit diese schön sauber wird.

Weitere Hinweise hole man sich vom Fachmann oder aus der Literatur.
Ich kann aus Erfahrung sagen, daß der Umgang mit Steinen und Mörtel gar nicht so schwer ist und sogar Spaß macht, wenn man es nicht übertreibt. Nicht jeder ist zum Maurer geboren.
Verputzen sollte man das Mauerwerk auf jeden Fall von der Innenseite, denn die Steine mit ihren Fugen sind natürlich nicht wasserdicht. Der Einfachheit halber mischt man den Putz hier genau wie den Mörtel. Hier kann bereits Dichtungsmittel dazugegeben werden, die den Putz wasserdicht machen (z.B. Ceresit), so daß sich weitere Dichtungsmaßnahmen erübrigen.
Der Putzmörtel sollte nicht zuviel Wasser enthalten. Der Putz wird in kleinen Portionen mit Schwung aus dem Handgelenk an die Wand geworfen. Ist der Putz zu feucht oder zu trocken, fällt alles nach unten. Ist der Putz richtig, so bleibt er kleben. Allerdings ist das wohl wirklich eine geheimnisvolle Sache, denn bei mir ist praktisch immer der größte Teil wieder nach unten geplatscht. Ich habe mich dadurch aber nicht entmutigen lassen, statt dessen lieber einem Fachmann zugesehen, (der es übrigens auch nicht immer konnte) und dann eine etwas andere Putztechnik entwickelt. Ich nehme also eine bestimmte Menge Mörtel auf die Unterseite der Kelle und reibe diesen an die Wand. Wenn man dies mit der nötigen Ausdauer tut, bleibt immer alles kleben, und man bekommt bei einiger Übung eine sehr schön glatte Wand. So groß ist die Kunst also gar nicht!
Die Putzschicht wird nur auf der Innenseite des Beckens vom Ansatz des Betonbeckens an auf das Mauerwerk aufgebracht und auch auf die Oberkante der Mauer aufgelegt und glatt gestrichen. Auch können Unebenheiten am Betonbecken jetzt ausgeglichen werden. Das Aussehen ist hier allerdings nicht wichtig, sondern es kommt darauf an, daß das Becken später dicht ist. Auf die Oberkante habe ich dann später einen Wulst aus dauerelastischer Dichtungsmasse gelegt, die das Becken nach oben hin zur Abdeckung dicht hält, damit hier nicht Ungeziefer, Schmutz und Blätter eindringen können. Dise Art der Dichtung zeigte sich aber als stark verbesserungsbedürftig.

Man könnte nach dem Aushärten der ganzen Anlage theoretisch schon Wasser in das Becken lassen. Ich entschloß mich allerdings hier lieber noch einen Anstrich mit spezieller Betonfarbe aufzubringen, um zu verhindern, daß Wasser in den Beton eindringt und diesen auswäscht. Das Wasser würde dadurch auch trübe werden, und man kann sich vorstellen, daß hier bestimmte Schadstoffe aus dem Beton gezogen werden und das Wasser unnötig verschmutzen.

3.3-4 *Wird das Becken wie hier an eine Hauswand angebaut,
so sollte zwischen Haus und Becken auf jeden Fall eine
Lage Teerpappe oder eine Folie eingelegt werden, damit
das Eindringen von Feuchtigkeit in das Haus vermieden
wird.*
*Das fertige Becken - links der Ein- und Überlauf, rechts
das Saugrohr*

Der Anstrich wird mehrmals mit einem Pinsel oder einem Roller
aufgebracht und nach dem Trocknen kann das Becken als fertig betrachtet werden. Die Wassertaufe könnte beginnen, vor-
ausgesetzt, man hat den Anschluß an die Dachrinne und die
Wasserpumpe installiert.

3.3.3 Wassereinlauf–Überlauf

Das Regenwasserfallrohr mit Einlauf und Überlauf zeigt das
Foto auf Seite 55. Zunächst wird ein Abzweig vom Fallrohr der
Dachrinne benötigt. Im Handel gibt es entsprechende Rohre mit
einer Klappe zu kaufen. Zum Einbau sägt man das Fallrohr
möglichst weit oben ab, trennt ein entsprechendes Stück heraus,
und setzt das Klappenrohr ein. Man könnte nun diese Klappe
so legen, daß sie genau in das Becken zielt. Ich würde jedoch immer eine Möglichkeit vorsehen, hier noch einen Filter
dazwischen zu setzen. Es gibt jedoch auch Abzweige für das
Fallrohr zu kaufen, die über einen Schlauchanschluß verfügen
und bereits einen Überlauf eingebaut haben.

3.3-5 Regenwasserfallrohr mit Einlauf und Überlauf
   In die obere Öffnung des Steingutrohres wird ein Küchensieb als Grobfilter eingesetzt. Die gesamte Anlage kann
   durch Hochklappen der Auslaufklappe umgangen werden

Ich entschloß mich, den billigsten Weg zu gehen, und setzte direkt neben das Becken in ein kleines Betonfundament ein Tonrohr, wie es im Kanalbau benutzt wird (Länge 1,50 m, Durchmesser innen 15 cm, DM 35,00) in das das Wasser von oben hereinfließen kann. Etwa in Höhe des oberen Beckenrandes wurde vorher mit einem Steinbohrer ein Loch gebohrt und hier ein Kunststoffrohr (50 mm Durchmesser) eingesetzt, durch welches das Wasser in das Becken fließen kann. Der Überlauf führt über ein gleiches Rohr wieder zurück in das Fallrohr. Beide Kunststoffrohre sollten etwas geneigt befestigt werden. Sie können im Tonrohr und im Fallrohr mit Dichtungsmasse eingesetzt werden. In den Beckenrand werden sie möglichst noch vor dem Verputzen so eingepaßt, daß sie mit dem oberen Beckenrand abschließen und dort mit eingeputzt werden können.

Hier ein Tip:

Man sollte sich über die Anordnung dieses Wassereinlaufes und des Überlaufes schon vor Baubeginn Gedanken machen, denn undichte Stellen kann man sich hier nicht leisten. Im vorliegenden Fall bewährte sich diese Lösung so gut, daß sie empfohlen werden kann.

Und noch ein Tip:

Im späteren Betrieb stellte sich heraus, daß es besonders bei leerem Becken zu stärkeren Plätschergeräuschen kommt, da das Wasser aus dem Einlaufrohr fast einen Meter tief fällt. Wen das stört, der sollte das Einlaufrohr länger in das Becken ragen lassen, und über einen Krümmer und ein senkrechtes Rohr das Wasser auf den Beckengrund leiten. Dadurch kommt es dann auch zu einer besseren Wasserumwälzung, denn das frische Wasser gelangt auf den grund, und das ältere Wasser fließt an die Oberfläche über den Überlauf ab.

Filter

Das Regenwasser ist an sich relativ sauber, wenn es ohne Umwege direkt vom Dach kommt. Im Sommer bringen allerdings Vögel und der Wind jede Menge Schmutz heran. Außerdem gab es in meinem Fall neben Blättern und Vogelsch... auch noch jede Menge Moos, Sandkrümel, Blütenblätter und sogar Kleintiere wie Spinnen, Ohrenkäfer und Kellerasseln. Das Wasser sollte also auf jeden Fall gefiltert werden. Dazu reicht im Deckeneinlauf eine Grobfilterung, die man dadurch erreichen kann, daß man zunächst oben in das Tonrohr einfach ein feines Küchensieb einhängt. Diese gibt es in verschiedenen Durchmessern mit Griff zu kaufen. Man kann das Sieb bei Gelegenheit einfach herausnehmen und reinigen. Hier werden die größeren Schmutzteile abgefangen. Im unteren Teil des Tonrohres kann darüber hinaus ein Kiesfilter eingebaut werden. Hier gab es allerdings immer wieder Schwierigkeiten, da der Filter entweder zu dicht wurde, so daß bei einem größeren Regenguß die Durchflußmenge zu gering war, und ein großer Teil des Wassers verloren ging. Andererseits kamen immer wieder kleine Kiesteile in das Becken und wurden von der Pumpe abgesaugt, was einmal zu deren Blockierung führte. Besser ist es, einen Feinfilter auf der Druckseite anzubringen, also hinter der Pumpe. In den meisten Fällen dürfte jedoch die Filterung mit einem einfachen Sieb wie hier genügen. Die Anlage funktioniert hier jedenfalls so schon seit Jahren (abgesehen von meinen Experimenten mit anderen Filtern). Man sollte hier auch immer bedenken, daß die Anlage so einfach wie möglich sein sollte, nicht nur im Interesse der Kostenersparnis, sondern auch, um einen möglichst automatischen und störungsfreien Betrieb zu ermöglichen.

3.3.4 Abdeckung

Das fertige Becken wird nun mit einer Abdeckung versehen, die das Becken nach oben gegen Verschmutzung gut abdichten soll. In unserem Fall sollte die Abdeckung auch als Sitzbank benutzt werden. Außerdem ist es sinnvoll, eine Möglichkeit vorzusehen, das Becken schnell und leicht zu öffnen, damit sich Störungen in der Anlage leicht kontrollieren lassen bzw. damit man auch einmal in das Becken steigen kann, um es zu reinigen. Als Besonderheit sei erwähnt, daß einmal sogar unser Becken als Kühlschrank benutzt wurde. Es war so heiß gewesen (Juni 1980) und es stand eine kleine Feier an, so daß die Mengen Bier und Sekt gar nicht im Kühlschrank gekühlt werden konnten. Was lag näher, die Getränke einfach im kühlen Regenwasserbecken zu versenken.

Als Abdeckung wurde in diesem Fall Kiefernholz benutzt, das in Holzhandlungen in verschiedenen Breiten eventuell auch mit Nut und Feder erhältlich ist. Hier kann man bestimmt auch Abfallhölzer oder Restposten günstig bekommen. Die einzelnen Bretter werden in Längsrichtung dicht an dicht nebeneinander gelegt und mit einigen Querbrettern vernagelt. Später stellte sich heraus, daß eine Verschraubung mit Holzschrauben vorteilhafter gewesen wäre, denn das Holz ist ständig der Witterung ausgesetzt und arbeitet entsprechend. Eine gute Imprägnierung sollte hier selbstverständlich sein. **Ich kann allerdings nur davor warnen,** das übliche und überall erhältliche Xylamon (oder ein ähnliches Mittel) zu benutzen, da dies noch Jahre später giftige Dämpfe abgibt. Wie man der Tagespresse entnehmen konnte, gab es bereits Todesfälle, und man sollte gerade hier besonders vorsichtig sein, da man schließlich mit Wasser hantiert, das man noch gebrauchen will. Als günstiges Mittel sei hier Leinölfirnis empfohlen. Auch eine Behandlung des Holzes mit einer heißen 3%igen Sodalauge soll sich gut bewährt haben, was ich allerdings nicht ausprobiert habe.

Unsere Holzabdeckung wurde wie folgt behandelt (Kosten 10,-DM):

Vorbehandlung:

Boraximprägnierung mit heißem Wasser 1:1 verdünnt mit einem Pinsel satt auftragen (nicht spritzen, da das Mittel sonst nicht tief genug eindringen kann).
Diese Behandlung sollte nach einiger Zeit noch einmal wiederholt werden, da das Holz später stark der Witterung ausgesetzt ist.

Anstrich:

Um den Holzcharakter zu bewahren, sollte es naturbelassen werden. Hierzu eignet sich ein mehrmals wiederholter Anstrich "naß in naß" mit Leinölfirnis. Überschüssiges Leinöl wird nach ca. zwei Stunden mit einem Lappen abgewischt.
Auf diese Weise hat man eine dauerhaft imprägnierte Holzabdeckung, die ohne giftige Chemikalien behandelt wurde. Das Holz ist für viele Jahre gut geschützt gegen Witterung und Bakterienbefall und sieht heute noch aus wie am ersten Tag.

3.3-6 Das fertige Becken mit Holzabdeckung als Sitzbank auf der Terrasse. Die Holzabdeckung ist hier lose aufgelegt, kann aber auch über starke Scharniere an der Hauswand befestigt werden

3.4-1 *Teil der Wasserinstallation. Der linke Wasserhahn ist der ursprüngliche.* Hier wird. bei Automatikbetrieb ein Wasserstopp- und ein Elektroventil angesetzt Rechts der neue Regenwasserhahn und der z.Z. noch ungenutzte Anschluß für die WC-Spülung

3.4 Wasserleitung

Wie bereits erwähnt, ist es schon vor der Bauausführung des Beckens wichtig, sich Gedanken über die Regenwasserzufuhr und den Überlauf zu machen. Dies gilt auch für den Anschluß der Wasserleitung. Hier bieten sich verschiedene Möglichkeiten an, wie im Kapitel 2.2.3 beschrieben.
In unserem Fall wurde das Pumpensystem gewählt, da das Becken zum Teil unterirdisch gebaut ist und unser Haus keinen Keller hat. Auch hier gibt es verschiedene Möglichkeiten des Anschlusses. So könnte man eine sehr billige Pumpe benutzen, wie sie als Laugenpumpe in Waschmaschinen eingebaut sind (evtl. aus einer alten Maschine ausgebaut). Diese saugen jedoch das Wasser nicht selbst an. Sie müssen so montiert sein, daß das Wasser von oben in die Pumpe laufen kann. Hierzu wäre es also nötig, die Pumpe unterhalb des Beckens zu montieren, eventuell in einen kleinen Schacht, der neben dem Becken angeordnet sein kann. Dies ist jedoch eine aufwendige

Bauweise, die gleich bei der Planung berücksichtigt werden muß. Eine andere Möglichkeit ist der Einbau einer solchen Pumpe in ein wasserdichtes Gehäuse. Dieses könnte dann auf den Grund des Beckens gestellt werden, wobei die Pumpe wie eine Tauchpumpe arbeitet. Tauchpumpen gibt es übrigens auch fertig zu kaufen. Erfahrungen mit ihnen können allerdings zum Teil sehr negativ sein. Immerhin muß die Pumpe wasserdicht sein, und das für viele Jahre. Bei mir hat eine relativ billige Tauchpumpe bereits nach einem Jahr ihren Geist aufgegeben. Allerdings dürfte dies auch eine Preisfrage sein, und es kommt sicherlich auf die jeweiligen Verhältnisse an, bzw., ob eventuell eine solche Pumpe bereits vorhanden oder billig zu bekommen ist.

Ich entschloß mich für den Einbau einer relativ teuren, selbstansaugenden Pumpe, die trocken und geschützt im Haus untergebracht werden kann.

3.4.1 Die Pumpe

Mit der Qualität der Pumpe steht und fällt die gesamte Anlage. Dies bekam ich zu spüren, als ich eine billige Möglichkeit ausprobierte. Ich kaufte eine sogenannte Bohrmaschinen-Pumpe (DM 20,00), wie sie als Vorsatz für Handbohrmaschinen zu haben sind. Als Antriebsmotor verwendete ich einen Dreiphasenmotor aus einer alten Waschmaschine, den ich mittels Anlaufkondensator an 220 V anschloß. Ein selbstgefertigtes Verbindungsstück sorgte für den Antrieb der Pumpe.

Ergebnis: Die Pumpe schlug derart in der Lagerung, daß sich nach etwa einem Monat, also bei etwa 1/2 Stunde Betriebsdauer Undichtigkeiten am Pumpenlager zeigten, und die Pumpenleistung rapide abnahm. Dadurch verlängerte sich die Laufzeit der Pumpe für das Füllen der Waschmaschine so stark, daß nach einem weiteren Monat der Antriebsmotor an Überhitzung einging. Dabei war abzusehen, daß auch die Pumpe bereits total verschlissen war, und womöglich sogar eher als der Motor ihren Dienst eingestellt hätte. Die gesamte Laufzeit dieser Pumpe betrug etwa 1 Stunde (**eine** Stunde!).

Vor Bohrmaschinen-Pumpen muß also gewarnt werden

Nach dieser Erfahrung entschloß ich mich zu der teuersten und vernünftigsten Lösung: Die Siemenspumpe (DM 300,00), die als Gartenpumpe oder als Hauswasserversorgung eingesetzt wird. Diese Pumpe, die es in ähnlicher Bauart auch von anderen Firmen gibt, hat eine Leistung von 500 W und erzeugt einen Wasserdruck, der sogar höher ist, als der Druck unserer Wasserwerke. Sie läuft fast geräuschlos und völlig ohne Vibration. Man kann sie fest in die Leitungsführung einbauen oder, wie ich, mit Schlauchstücken und Schnellkupplungen, so daß ein externer Betrieb möglich ist. Ich benutze sie im Sommmer als Gartenpumpe und nur bei Bedarf in der Regenwasser-Anlage.

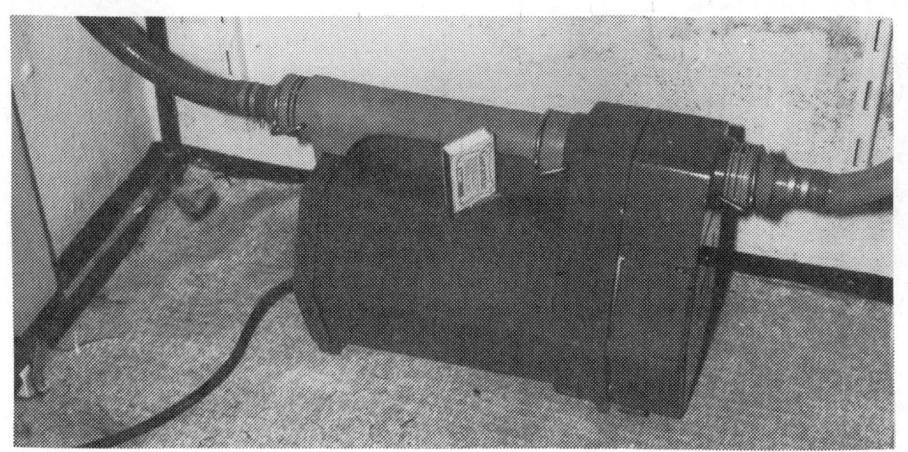

3.4-2 Die Wasserpumpe steht irgendwo in einer Ecke. Sie arbeitet fast geräuschlos und wartungsfrei. Man kann sie "vergessen".

3.4-3 Und hier die Ergänzung der Pumpe zum Hauswasserautomaten, bestehend aus Membran-Ausdehnungsgefäß, Druckschalter und Manometer (vgl. S. 101)

Ein sogenannter Hauswasserautomat ist eine Erweiterung dieser Pumpe mittels Schalter und Druckkessel zu einer luxuriösen selbsttätigen Anlage. Die Pumpe baut im Leitungssystem einen bestimmten Druck auf und wird dann abgeschaltet. Wird irgendwo in dem System Wasser benötigt, also ein Wasserhahn geöffnet, kommt es zu einem Druckabfall, die Pumpe wird sofort eingeschaltet und läuft, bis der Druck wieder aufgebaut, also der Wasserhahn wieder geschlossen ist.
Wenn nun der Hahn nur wenig geöffnet wird, kann es sein, daß dieser Druck immer bestehen bleibt, worauf die Pumpe ja wieder ausgeschaltet wird. Es kann also zu einem dauernden kurzen Ein- und Ausschalten, also zu Schwingungen in der Anlage kommen. Diese werden durch den Druckkessel gedämpft. Hier wird ein bestimmtes Luftvolumen im Rhythmus der Schwingung komprimiert und für einen relativ gleichmäßigen Wasserfluß gesorgt. Die Größe des Volumens ist entscheidend für die Qualität des Wasserflusses. Für eine Anlage dieser Art wird als Minimum ein Volumen von 3 Litern angegeben, mehr wäre besser. Dieser Druckkessel sowie die Schaltautomatik sind im Hauswasserautomat vereinigt, der auch als Vorsatzgerät später eingebaut werden kann (Einzelpreis ca. DM 200,00). Da die Anlage hierdurch teurer wird, habe ich zunächst darauf verzichtet. Ein Nachteil des Automaten ist auch, daß ständig Druck auf der Leitung ist, und deshalb das ganze System sehr sorgfältig installiert sein muß.

Ohne Automat muß bei den späteren Verbrauchern ein Schalter eingebaut werden, der die Pumpe immer dann in Betrieb setzt, wenn Wasser gezapft wird. Wie das geschieht, wird im Kapitel 3.5 Elektronik beschrieben.
Bei mehr als zwei Verbrauchern empfiehlt sich aber wegen des gesteigerten Schaltungsaufwandes immer ein Hauswasserautomat.

3.4.2 Wasserinstallation

Wer bereits einmal gelötet hat, dem dürfte das Verlegen der Wasserleitungen in Kupfer kein Problem sein. Zunächst muß man sich klar über den Verlauf der Leitungsführung sein. Sodann besorge man sich die benötigten Kleinteile. Für die Verlegung auf Putz kann man Kupferrohr in Stangen zugeschnitten bekommen (geeigneter Durchmesser 15 mm), für Ecken und Abzweigungen gibt es entsprechende Formteile, die sogenannten "Fittings", in allen nur erdenklichen Formen und Durchmessern. Am besten läßt man sich in einem Fachgeschäft die einzelnen Teile zeigen und zusammenstellen. Meist sind sicherlich irgendwelche Teile bereits vorhanden (Wasserhähne, Ventile), so daß die Kosten für die Installation gering bleiben. Für Unterputzmontage eignet sich auch entspanntes Kupferrohr, das es in Rollen zu kaufen gibt, und das auch um Ecken gebogen werden kann. Es wird allerdings optisch nicht so exakt zu verlegen sein.

Erforderliches Material:	ungefähre Kosten:
15 mm Kupferrohr	DM/m 4,50
T-Stück	DM 0,85
90° Winkelstück	DM 0,85
Wandscheibe 15 mm - 1/2"	DM 2,50

dazu Befestigungsklemmen, Lötzinn, Flußmittel

Lötzinn und Flußmittel gibt es in geeigneter Qualität beim Installateur oder in Hobbyabteilungen und Baumärkten zu kaufen. Das Lötzinn sollte in Drahtform als Rolle ohne eingearbeitetes Flußmittel verwendet werden. Flußmittel, auch Lötfett genannt, sollte man in Tuben kaufen, aus denen es besonders leicht auf die richtige Stelle gebracht werden kann.

3.4-4 Ein Gasbrenner als nützliche Anschaffung (Brenner, verschiedene Düsen, Schlauch, Druckminderer, zusammen ca. 100,- DM), darunter Lötfett in der Tube und Lötzinn als Drahtrolle.

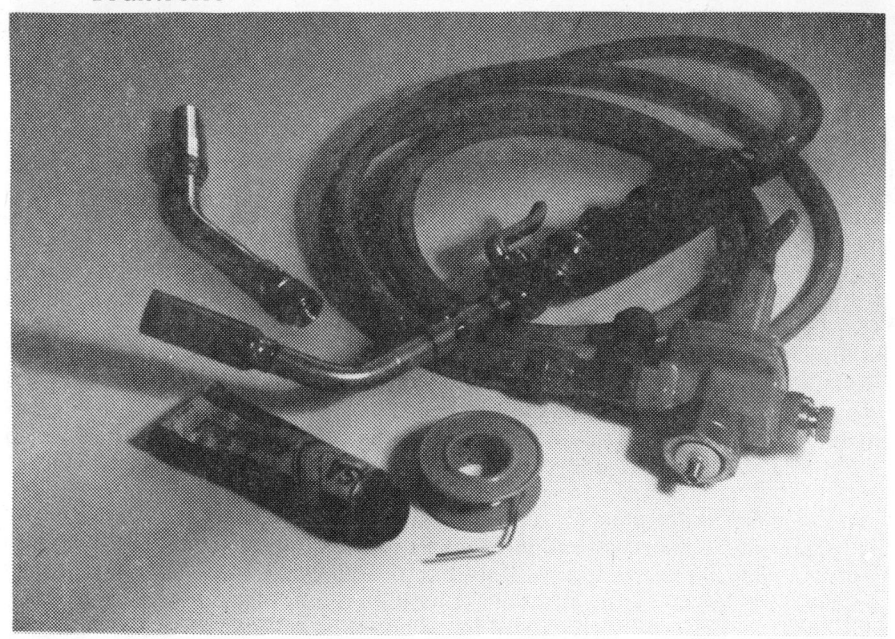

Erforderliches Werkzeug:

Eisensäge, Feile, Greifzange, evtl. Arbeitshandschuhe, Drahtbürste, Lötgerät

Als Lötgerät dürfte ein elektrischer Lötkolben nicht mehr ausreichen. Geeignet ist ein Gaslötgerät. Dieses gibt es in verschiedenen Größen und Qualitätsstufen zu kaufen. Für den Anfang reicht ein billiges Gerät, das mit Feuerzeugnachfüllpatronen o.ä. betrieben werden kann (DM 30,00). Das Gas ist allerdings hierfür sehr teuer, und die kleinen Geräte sind nicht sehr standhaft. Wer also Größeres vorhat, sollte auf jeden Fall ein professionelles Gerät kaufen (ca. DM 100,00). Vielleicht ist schon eine Gasflasche in Form einer Camping-Gasflasche (5 kg) vorhanden. Dann sollte man in jedem Fall gleich einen richtigen Gasbrenner kaufen. Dieser besteht aus einem Handgriff mit Ventil und verschiedenen Brenner-Vorsätzen (je nach Verwendungszweck). Der Anschluß an die Gasflasche erfolgt über einen Druckminderer, der direkt an die Flasche geschraubt wird und mit dem der Arbeitsdruck eingestellt werden kann. Die Verbindung zum Brenner erfolgt über einen Schlauch, der zweckmäßigerweise mindestens 2 m lang sein sollte. Alle Verschraubungen eines solchen Gaslötgerätes sind genormt, so daß später auch Vorsätze (z.B. Breitbrenner, Lötkolben) auch von anderen Firmen nachgekauft werden können. Der Vorteil der professionellen Geräte ist die bessere Standfestigkeit, sowie die höhere Temperatur und eine breitere Flamme. Es läßt sich sehr gut mit ihnen arbeiten.

Das Löten eines solchen Fittings sei hier noch kurz beschrieben:
Nachdem die Leitungsführung festgelegt ist, wird das Kupferrohr zugeschnitten und entgratet. Die Länge des Rohres ist so zu wählen, daß das Rohr in die Verbindungsstücke auf beiden Seiten hineinragt.Hierfür sind an T-Stücken, Winkeln, Wandscheiben und sonstigen Verbindungen die jeweiligen Öffnungen entsprechend erweitert. Das Rohr kann dort ca. 1 cm hineingeschoben und großflächig angelötet werden. Dazu sollte man unbedingt die folgende Reihenfolge einhalten. Das Ende des Kupferrohres wird zunächst blank gebürstet. Bei neuen Rohren reicht in der Regel eine Drahtbürste, in hartnäckigen Fällen sollte Schmirgelleinen benutzt werden. Das Ende des Kupferrohres wird nun, nachdem es gleichmäßig blank ist, rundherum dünn mit Flußmittel eingestrichen. Danach wird das Rohr in die entsprechende Verbindung gesteckt und möglichst rüttelsicher fixiert. Anschließend wird das Rohr und die gesamte Verbindung mit einer ausreichend breiten Flamme erwärmt, so daß das Flußmittel dünnflüssig verläuft. Nun wird die Flamme entfernt und das Lötzinn zugegeben. Es soll gleichmäßig zwischen die beiden Teile laufen und wandert, wenn man es richtig macht, in das Fitting hinein soweit das Fluß-

mittel reicht. Dies schafft eine gleichmäßige feste und wasser-
dichte Verbindung. Man muß die Verbindung allerdings unbedingt ohne Erschütterungen abkühlen lassen, damit das Löt
nicht bröckelig wird. Die Dosierung von Flußmittel, Wärme und
Lötzinn ist für die Qualität der Lötstelle entscheidend. Man
sollte daher zunächst einige Probelötungen machen. Nach einigen Versuchen stellt man fest, daß die Kunst gar nicht groß
ist, und man kann sich an kompliziertere Stellen wagen. Das
Einlöten von Ventilen ist hier mit besonderer Vorsicht zu erle-
digen, da einerseits Gummidichtungen verbrennen können (am
besten nimmt man das Ventil vorher auseinander), und andererseits Lötzinn in wichtige Gewindegänge laufen kann und das
Ventil dadurch blockiert wird (Abhilfe: Gewinde verstopfen
z.B. mit einem zurechtgeschnittenen Stück eines Korkens - Achtung: später wieder vollständig entfernen!).
Eine einmal mißlungene Lötverbindung kann durchaus wiederholt werden, wenn man die Verbindung wieder löst, die Teile
sorgfältig reinigt, überschüssiges Lötzinn ablötet und das Ganze noch einmal versucht.
Nach ein wenig Übung geht die Arbeit flott von der Hand. Man
bekommt sehr schnell ein Gefühl dafür.

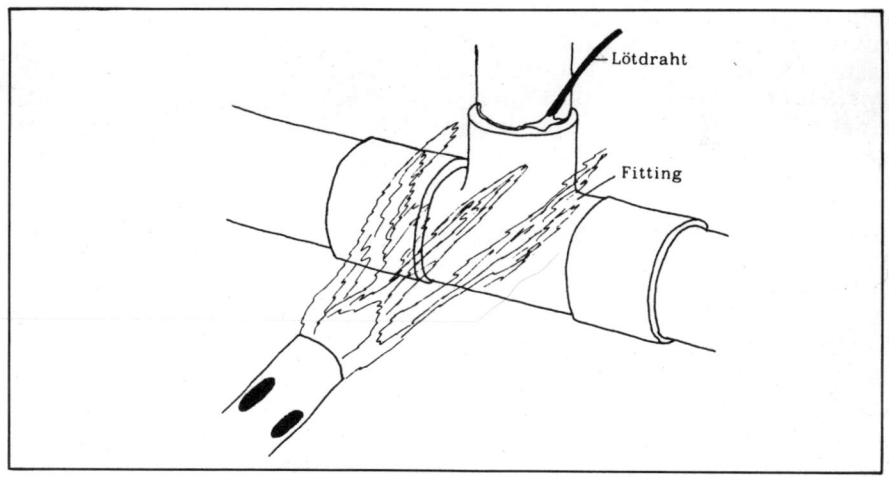

Abb.3.4-5
Lötverbindungen:
*Die Rohrenden werden außen und der Fitting innen blank
gebürstet bzw. geschmirgelt;* **nur** *die Rohrenden mit Lötfett
bestreichen und in den Fitting schieben. Rohrende und Fitting
werden dann mit dem Brenner erwärmt; nach Erreichen der
Arbeitstemperatur wird bei* **abgewendeter** *Flamme soviel Löt-
draht zugegeben, bis sich ein glänzender Lötring bildet*

3.4.3 Das Saugrohr

Das Saugrohr wird am einfachsten aus einem Kupferrohr hergestellt, das von oben in das Becken einmündet. Die seitliche Ableitung durch die Beckenwand unter dem Wasserspiegel bereitete mir dauernd Dichtigkeitsprobleme und mußte wieder geändert werden, nachdem einmal der anschließende Raum völlig unter Wasser stand. Die sicherste Art ist also die hier vorgeschlagene: Das Rohr wird senkrecht in das Becken geführt, und zwar an die tiefste Stelle (siehe Kapitel 3.3.1, Einbau einer Vertiefung). Oberhalb des höchstmöglichen Wasserstandes, also oberhalb des Überlaufes wird das Rohr dann waagerecht abgewinkelt, über den Beckenrand geführt, und dort durch die Wand in das Haus zur Pumpe geführt. Näheres ist aus Abb. 3.4.1-5 der Gesamtanlage ersichtlich. Da nicht mit größerer Verschmutzung zu rechnen ist, kann im Saugrohr auf ein Sieb oder einen Filter verzichtet werden. Kleinere Teilchen werden sowieso von der Pumpe verarbeitet und bereiten auch den angeschlossenen Geräten (Waschmaschine, Ventile) keine Probleme. Das Saugrohr wird durch eine 16 mm Bohrung durch die nächste Hauswand geführt, auf der Innenseite nochmals abgewinkelt und auf eine Wandscheibe gelegt. Die Wandscheibe ist ein Winkelelement mit Lötanschluß für 15 mm Rohre auf der einen, und einem Innengewinde auf der anderen Seite, sowie einem Montageflansch zum Anschrauben an die Wand. Durch die Verschraubung an der Wand bekommt so das ganze Saugrohr eine feste Lage. In die Wandscheibe wird mit Dichtungsband ein Anschlußteil aus Kunststoff für eine Steckverbindung (Gardena) eingeschraubt, damit die Pumpe leicht aus dem Leitungsnetz genommen und anderweitig verwendet werden kann. Die Pumpe wird dazu beidseitig mit kurzen Schlauchstücken und Steckkupplungen versehen. Der Schlauch auf der Saugseite muß unbedingt stabil sein, möglichst mit Gewebeeinlage, damit er sich nicht durch den entstehenden Unterdruck zusammenzieht. Bewährt hat sich auch ein transparenter 1-Zoll-Schlauch, der es gestattet, den Wasserlauf im Betrieb der Anlage zu kontrollieren.

Ist das Becken weiter vom Haus entfernt, sollte das Saugrohr bis zum Haus unterirdisch verlegt werden, damit es im Winter nicht einfriert. Die Frostgrenze liegt bei etwa 70 cm Tiefe. Im vorliegenden Fall wurde das Rohr oberirdisch verlegt und ist trotz tiefer Temperaturen im Winter nicht eingefroren. Lediglich die Stelle des Austritts aus der Wasseroberfläche ist frostgefährdet, weil sich auf dem Wasser leicht eine Eisschicht bildet. Siehe dazu Kapitel 4.3 Betriebssicherheit.

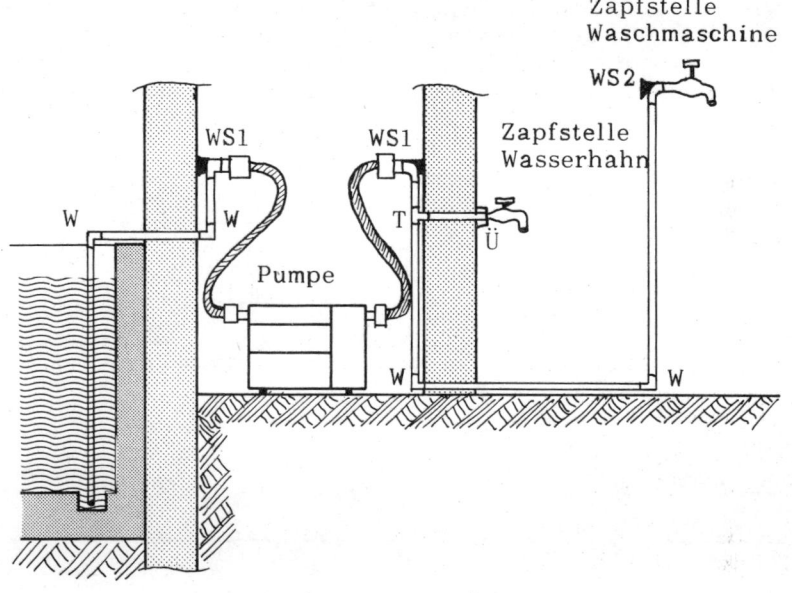

Zeichenerklärung:

T	=	T-Stück 15 mm
W	=	Winkelstück 90 Grad 15 mm
WS1	=	Wandscheibe 15/1"
WS2	=	Wandscheibe 15/1/2"

Die Zeichnung ist nicht normgerecht, sondern schematisch zur besseren Übersichtlichkeit für Laien

3.4-6 Gesamtanlage (einfache Ausführung)

3.4.4 Gesamtanlage

Hier soll zunächst die Leitungsführung der Gesamtanlage, wie ich sie gebaut habe, beschrieben werden. Mit geringen Abweichungen dürfte diese überall eingesetzt werden können. Als Verbraucher wurden vorgesehen: ein Ventil (Wasserhahn) zum Wasserzapfen für Eimer und Gießkanne oder zum Schlauchanschluß und ein Ventil zum festen Anschluß. Das Waschmaschinen-Ventil wurde direkt neben dem ursprünglich vorhandenen Anschluß der Wasserleitung montiert.

Bei einem späteren Ausbau zur Komplettanlage mit Brauchwassernutzung aus Badewanne und Waschmaschine zur WC-Spülung ist die Anlage einfach zu erweitern. Einzelheiten und Erfahrungen darüber liegen zur Zeit noch nicht vor.

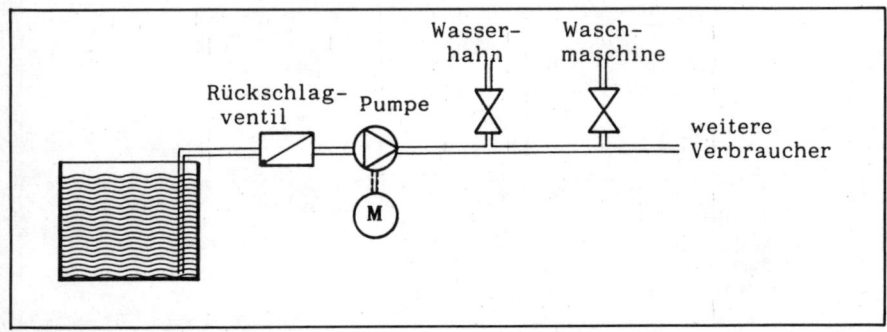

3.4-7 Prinzipschaltung

Allgemeine Gültigkeit hat die Prinzipschaltung (Abb. 3.4 - 7), die gegenüber der schematischen Darstellung noch um ein Rückschlagventil erweitert wurde. Dies ist sinnvoll, sofern noch nicht in der Pumpe vorhanden, damit nicht die gesamte Leitung nach jedem Pumpenvorgang rückwärts wieder leer läuft. Die Pumpe muß dann jedesmal wieder neu ansaugen, was zu einer geringen Zeitverzögerung und zu unangenehmen Spritzen des ersten Wasserstoßes führen kann.

Wird in der Gesamtanlage ein sogenannter Hauswasserautomat benutzt, so ist die Anlage nun bereits fertig. Die elektrische Steuerung beschränkt sich auf den festen Anschluß der Pumpe an das 220 V-Netz.

Beim Einbau einer normalen Pumpe muß nun dafür gesorgt werden, daß die Pumpe immer dann eingeschaltet wird, wenn irgendwo Wasser benötigt wird. Dazu ist es erforderlich, in die jeweiligen Geräte entsprechende Kontakte einzubauen, was im nächsten Kapitel beschrieben werden soll.

Hier nun noch die Stückliste der verwendeten Teile:

1 Pumpe (Siemens AD11)		DM 270,00
10 m Kupferrohr 15 mm		42,00
3 Wandscheiben 15/1"	je 2,50	7,50
1 Wandscheibe 15/1/2"		2,50
1 Übergang 15/1/2"		2,50
1 m 3/4" Gewebeschlauch		4,50
2 Gardena Schnellkupplungen	je 5,50	11,00
2 Gardena Anschlußteile (Gewinde)	je 1,99	3,98
6 Winkelstücke 15 mm	je 0,85	5,10
1 T-Stück 15 mm	je 0,85	0,85
6 Schlauchklemmen		4,35

Summe: DM 354,88

Zwei passende Wasserhähne waren bereits vorhanden. Sie würden den Preis um ca. DM 30,00 erhöhen.

Für eine spätere Amortisierungsrechnung wird hier allerdings nur der Betrag ohne Pumpe eingesetzt, da diese auch noch anderweitig Verwendung finden kann. Für den Nachbauer ist es sinnvoller, soviel Teile wie möglich gebraucht zu bekommen. Es lohnt sich durchaus, auf Schrottplätzen, Flohmärkten oder im Sperrmüll nach alten Wasserhähnen zu suchen, die mit neuen Dichtungen wieder flott gemacht werden können. Auch kann man aus alten Waschmaschinen oft noch gute Teile ausbauen. Oder man rangiert im eigenen Haushalt einen Wasserhahn aus, den man hier noch weiterverwenden kann. Lediglich bei Kupferteilen sollte man nagelneue Ware vorziehen, da es hier auf präzise und saubere Lötstellen ankommt. Für die gesamte Installation verbleibt im vorliegenden Fall ein Betrag von

DM 83,83 als reine Installationkosten

Die zusätzlichen Kosten für die elektrische Steuerung sind gering.

3.5 Elektrische Schaltungstechnik

3.5.1 Ein wenig Elektrotechnik

Es ist natürlich unmöglich, hier eine komplette Abhandlung über die elektrotechnischen Grundlagen und Schaltungstechnik zu bringen. Der Laie kann meist gar nichts mit den verschiedenen Begriffen anfangen, und selbst Fachleute haben Probleme mit den derzeit gültigen Normen.

Ich möchte hier in einem Schnellkurs versuchen, all das vorzustellen, was für den Aufbau und den Betrieb unserer Anlage nötig war, wobei dann auch klar wird, was man darf und was man nicht darf.

Zunächst also der Gefahrenhinweis: Während man sich beim Umgang mit der Wasserleitung höchstens nasse Füße holt, kann der falsche Umgang mit "Strom" tödlich ausgehen. Grundsätzlich sind alle Spannungen über 45 Volt tödlich, wenn man eine solche Leitung voll anfaßt. Wohl jeder von uns hat schon mal einen 220 Volt-Schlag bekommen, und ihn überlebt. Das lag dann daran, daß man ihn nicht voll abbekommen, also Glück gehabt hat. Nun ist es wenig ratsam, im Umgang mit 220 Volt sein Schicksal herausfordern zu wollen. Denn wenn man einige einfache Regeln beherzigt, kann eigentlich nichts passieren.

Erste Regel: Strom abschalten. Wenn man an einer Leitung irgendeine Arbeit ausführen will, ist dies der oberste Grundsatz. Am einfachsten geht dies bei Geräten durch Ziehen des Netzsteckers, bei fertigen Anlagen durch Herausdrehen oder Abschalten der Sicherung.

Zweite Regel: Nichts anfassen. Auch wenn man die Sicherung abgeschaltet hat, sollte man nicht unbedingt gleich alle möglichen blanken Drähte anfassen, es könnte ja auch noch eine andere Leitung dabei sein. Also erst prüfen, ob wirklich keine Spannung mehr vorhanden ist. Dies macht man am einfachsten mit einem Spannungsprüfer, den es in Schraubendreherform billig zu kaufen gibt. Man berührt damit die zu prüfende Leitung und gleichzeitig faßt man mit einem Finger (Daumen, oder der ganzen Handfläche), am Griffende eine blanke Stelle an. Zwischen Spitze und diesem Punkt ist im Griff über einen hochohmigen Schutzwiderstand eine Glimmlampe geschaltet, die dann aufleuchtet, wenn noch Spannung vorhanden ist. Dieses einfache Gerät kann lebensrettend sein. Ein "richtiger" Elektriker hat so ein Ding immer dabei. Es gibt heutzutage auch elegante Prüfgeräte, mit denen man noch andere Tests durchführen kann. Diese sind aber sehr teuer und nutzen uns hier auch nicht mehr.

Dritte Regel: Mißtrauisch bleiben. Auch, wenn alles in Ordnung sein müßte, sollte man lieber noch einmal alle Strippen prüfen, ehe man Hand anlegt. Lieber einmal zuviel geprüft....

Vierte Regel: Eine Hand in die Hosentasche! Ja, tatsächlich. Es sieht zwar nach Faulheit aus, kann aber auch lebensrettend sein. Immer dann, wenn man sich nicht sicher ist, ob nicht doch ..., sollte man nur mit einer Hand an die Sache herangehen. So kann man schon mal "einen gezwitschert" kriegen, verhindert aber auf jeden Fall, daß ein Strom durch den Körper zur anderen Hand fließt (Schuhe sind meist recht

gute Isolatoren), denn ein noch so geringer Strom durch die Herzgegend ist mit Sicherheit tödlich. Wenn man dann eine Hand in der Tasche hat,kommt man erst gar nicht in Versuchung.
Aber ich will nicht zuviel Angst machen. Wenn man die Sicherung herausgedreht und alle Kabel geprüft hat, kann man ohne weiteres daran arbeiten.

Kabel gibt es in unterschiedlicher Stärke und Zusammensetzung. Je stärker ein Kabel ist, umso mehr Strom kann es vertragen. Die Stromaufnahme eines Gerätes ist abhängig von der Leistung, die meist auf dem Typenschild des Gerätes angegeben ist. Unsere Wassepumpen haben eine Leistung zwischen 500 und 1000 Watt. Dies entspricht einem Strom von 2,5 bis 4,5 Ampere. Als Faustformel kann man sich merken, daß ein Kabel von 1 mm^2 Stärke (man sagt dazu dann Querschnitt oder Querschnittfläche) mit gut 5 Ampere belastet werden darf. Für unsere Zwecke reicht also ein Querschnitt von 0,75 mm^2 oder 1 mm^2 vollkommen aus. Meist sind die Kabel mit 1,5 mm^2 Querschnittfläche kaum teurer und können natürlich dann ebenso verwendet werden.

Sehen wir uns solche Kabel an: Es gibt sie mit vollen Drähten (eindrähtig NYA) oder mit vielen dünnen Drähten (biegsam NYAB oder feindrähtig NYAF). Für feste Verlegung nimmt man die Volldrähte, für flexible Verdrahtung z.B. zum Geräteanschluß an eine Steckdose die feindrähtigen. Nun kann man noch mehrere gegeneinander isolierte Drähte zu einem Kabel zusammenfassen. So gibt es die dünne zweiadrige Leitung NYZ, die nur für trockene Räume und für leichtere Geräte zugelassen ist (Verstärker, Fernseher, Lampen), deren einzelne Adern leicht voneinander getrennt werden können. Oder dasselbe mit einer Gummiisolierung als Gummischlauchleitung NLH, die nicht trennbar ist. Für unsere Wasserpumpen-Installation kommt meist nur das Feuchtraumkabel NMH oder NSH (mittlere oder schwere Isolation) in Frage.
Zum Anschließen eines Kabels muß man zunächst die Enden abisolieren. Man kann dies mit einem scharfen Messer tun oder mit einer speziellen Abisolierzange. Ich nehme dazu immer ein Messer für den äußeren Isoliermantel und eine Zange für die einzelnen Adern. Ein fachgerecht abisoliertes Kabel ist in Abb. 3.5-1 dargestellt. Die blanken Enden sollten 5 bis 7mm lang hervorstehen. Hat man dies nun geschafft, so stellt man fest, daß die drei einzelnen Isolierhüllen eine unterschiedliche Farbe haben: Braun, blau und grün-gelb.
Der **grün-gelbe** Leiter ist der sogenannte **Schutzleiter,** der an verschiedenen Stellen des Leitungsnetzes nach einem ausgeklügelten System geerdet ist. Dieser Leiter hat ausschließlich Schutzfunktion und nimmt nicht am sonstigen Geschehen in einem Stromkreis teil. Ich zeichne ihn daher meist nicht mit.

Grundsätzlich müssen alle Geräte, die diesen Schutzleiter haben, mit diesem grüngelben Kabel auf kürzestem Wege untereinander verbunden werden. Manche Geräte haben keinen Schutzleiter, weil sie selber schon schutzisoliert sind, z.B. durch ein Kunststoff-Gehäuse. Deshalb werden Bohrmaschinen u.a. immer nur zweipolig angeschlossen. **Braun** und **blau** werden als **Hin-** und **Rückleiter** benötigt. Sie bilden den eigentlichen Stromkreis. Da wir es mit Wechselspannung zu tun haben, kann man hier nicht von Plus oder Minus reden. Ein Leiter führt dann die "Phase". Hier liegt also die gefährliche Spannung an, die der Spannungsprüfer anzeigt. Diese Leitung wird mit R bezeichnet (im Drehstromnetz gibt es drei solcher Leiter, die dann mit R, S und T bezeichnet werden). Der Rückleiter wird auch manchmal als Null-Leiter bezeichnet. Hier liegt keine Spannung mehr an (diese wurde ja im Gerät "verbraucht"). Er wird mit Mp (Mittelpunktleiter, kommt aus dem Drehstromnetz) bezeichnet und man kann ihn ohne Schaden anfassen.

Es gibt heute noch eine Menge alter Häuser, in denen noch kein Schutzleiter verlegt ist. Da sind dann in den Steckdosen die Schutzkontakte auf den Null-Leiter gelegt. Man erkennt dies an der Verbindung von einer Steckdosenklemme zum Schutzkontakt. Gleichzeitig weiß man dann, daß der andere Draht die "Phase" führt. Außerdem sind noch Kabel mit anderen Farben verlegt: Schwarz, grau und rot. Rot ist hier der Schutzleiter. Ich kann allerdings nicht empfehlen, solche alten Kabel noch zu verwenden. Wie wichtig dies Argument ist, zeigt ein Beispiel aus unserem Haus, in dem natürlich noch die alten Farben und kein Schutzleiter verlegt war. Der Vorbesitzer des Hauses hatte ein neues Kabel eingezogen und, weil es schön auffällig ist, die "Phase" auf den grün-gelben Leiter gelegt. Ich konnte dies nichtsahnend am eigenen "Leibe" überprüfen. Wenn da nun etwas passiert wäre...

Das Verdrahten der Anlage hängt von den räumlichen Gegebenheiten ab. Ich habe in der Nähe der Pumpe eine Steckdose (auf Putz) montiert, in die der Stecker der Pumpe eingesteckt wird. Ich habe so eine einfache Möglichkeit, die Pumpe außer Betrieb zu setzen. Den Rest der Anlage habe ich dann mehr

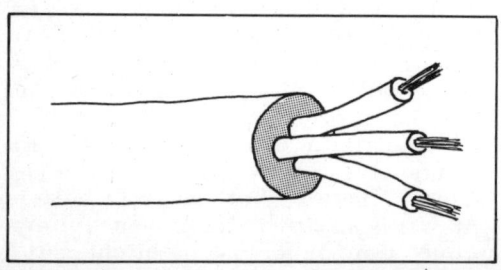

3.5-1 Abisoliertes
Feuchtraumkabel
3 x 1,5 NMH

oder weniger parallel zur Wasserleitung verkabelt. Man kann hier das Kabel mit Kabelhaltern auf Putz befestigen, oder auch elegant unter Putz verlegen. Bei der Verdrahtung ist nur darauf zu achten, daß die Farben immer eingesetzt werden, und daß die Stromkreise auch richtig in sich geschlossen werden. Hier geht man am besten streng nach Plan vor. Man muß also genau verfolgen, welcher Draht wohin gelegt werden soll. Dabei beachte man, daß der Strom immer durch das Kabel, durch den Verbraucher und durch einen Schalter fließen muß. Den Weg des Stromes zu verfolgen, ist auf den ersten Blick sicher nicht leicht, aber man bekommt bald die nötige Routine.

Die meisten Verbindungen sind Schraubverbindungen, so daß man in der Regel ohne Lötarbeiten auskommt. Man achte überall auf guten Sitz der Verbindungen, bevor man den ersten Einschaltversuch wagt. Auch ich bekomme jedesmal aufs neue Herzklopfen, wenn es soweit ist. Fliegt die Sicherung raus oder nicht? Aha, sie hat das Einschalten der Anlage überstanden, dann ist ja alles in Ordnung. Man sieht auch, wie wichtig es ist, daß die Anlage immer über eine Sicherung angeschlossen wird. Da in Wohnhäusern aber jede Leitung abgesichert sein muß, dürfte dies normalerweise kein Problem sein. Eine eigene Sicherung für die Wasserpumpensteuerung wäre reiner Luxus.

3.5.2 Einfache Steuerung

Mit diesen Anmerkungen zur Handhabung der Elektrik ist der Aufbau einer einfachen elektrischen Steuerung kein großes Problem.

Zunächst werden die benötigten Kontakte in die angeschlossenen Geräte eingebaut. Bei Verwendung eines Hauswasserautomaten entfällt diese Arbeit - teurer aber einfacher.

Waschmaschine

In der Regel hat die Waschmaschine zwei elektrische Einlaßventile, die unmittelbar am Anschluß des Zulaufschlauches sitzen. Nach Entfernen der Rückwand oder der oberen Abdeckung werden diese Ventile zugänglich. Die beiden Ventile werden jeweils beim Vor- und Hauptwaschgang geöffnet, d.h., während dieser Zeit liegt an derem Klemme jeweils die Betriebsspannung 220 V an. Eine einfache Möglichkeit, diese Information nun in einem Pumpenbefehl umzuwandeln, ist der Einbau zweier zusätzlicher Relais parallel zu diesen beiden Ventilklemmen, wie dies die Schaltskizze Abb. 3.5.-2 zeigt. Die Arbeitskontakte der Relais werden parallel geschaltet und nach außen geführt

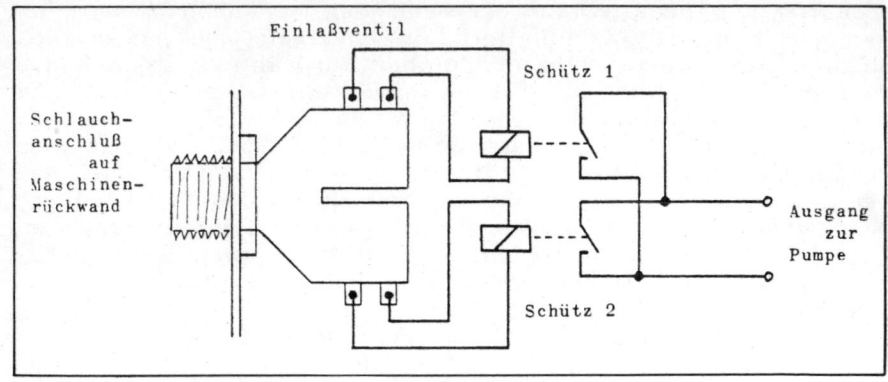

Abb. 3.5-2   Umbau der Waschmaschine (Schaltung der zusätz-
lichen Verkabelung

(evtl. mit Steckkontakt). Im vorliegenden Fall konnte ich zwei
kleine Schütze aus einer alten Waschmaschine verwenden. Die
Zuleitung erfolgte über Flachstecker wie sie in der KFZ-Tech-
nik üblich sind und auch in der Waschmaschine vorhanden
waren. Hier kann man mit Doppelsteckern die zusätzlichen Kabel leicht einbauen.
Es versteht sich wohl von selbst, daß sämtliche Kabel gut iso-
liert und rüttelsicher eingebaut werden müssen, und daß ebenfalls auf Wasserdichtigkeit geachtet werden sollte.
**Alle Arbeiten an der Maschine dürfen gundsätzlich nur bei ge-
zogenem Netzstecker gemacht werden - Lebensgefahr!!!**

Wasserhahn:
Neben dem als separate Zapfstelle vorgesehenen Wasserhahn
muß ebenfalls ein Schalter (evtl. Unterputz) eingebaut werden.
Sinnvoller wäre hier ein Fußschalter mit einem Tastkontakt.
Die einfachste Art der Steuerung zeigt die folgende Skizze.
Hier wird nur die Waschmaschine und eine zusätzliche Zapf-
stelle betrieben. Die Gesamtschaltung wird mittels Schuko-
stecker an eine normale Steckdose angeschlossen. So kann die
Anlage jederzeit leicht abgeschaltet werden.

Bedienung:
1. Waschmaschine wie gewohnt einschalten. Über ein Zusatz-
   relais wird die Pumpe automatisch dann eingeschaltet, wenn
   die Waschmaschine Wasser benötigt.
2. Wasserhahn der Zapfstelle aufdrehen und den Zusatzschal-
   ter betätigen. Wasser kann hier im Eimer oder über einen
   Schlauch entnommen werden.

Vorteile:
* Einfache Schaltung, von jedem Laien auszuführen
* einfache Bedienung, keine genaue Kenntnis der Anlage erforderlich
* keine komplizierte und damit anfällige Technik

Nachteile:
* Verlust an Bedienungskomfort beim Wasserzapfen
* Keine automatische Sicherung bei Ausfall eines Bauteiles der Anlage (z.B. wird die Waschmaschine defekt, so kann die Pumpe stark strapaziert werden)
* Man hat keine Kontrolle über deb Wasservorrat, Pumpe kann trocken laufen
* Zur Sicherheit muß von Zeit zu Zeit der Wasserstand des Regenwasserbeckens kontrolliert werden, auch darf die Anlage nicht ohne Aufsicht laufen
* Bei leerem Regenwasserbecken muß die Waschmaschine wieder an die alte Leitung angeschlossen werden, die Zapfstelle liegt dann still.

So gut und einfach diese Schaltung ist, würde ich doch schon hier den Einbau eines Trockenlaufschutzes für die Pumpe vorsehen. Es geht darum, daß die Pumpe bei leerem Becken keine Luft ansaugen kann, denn durch längeren Trockenlauf kann die Pumpe beschädigt werden. Je nach Bauform kann dies schon nach wenigen Sekunden der Fall sein. Meist wird auch das durchlaufende Wasser zur Kühlung verwendet, so daß es zumindest bei längerer Trockenlaufzeit zu Überhitzungen kommen kann.

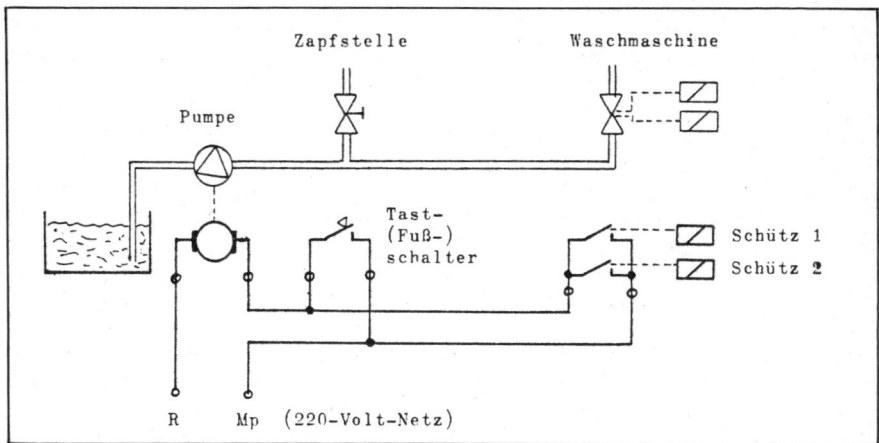

Abb. 3.5-3   Elektrische Schaltung der Einfachanlage

Hier gibt es eine einfache Lösung durch Vorschalten eines Wasserstandsmelders aus einer alten Waschmaschine. Dieses unscheinbare Gerät kann man in alten Waschmaschinen finden. Ich beschreibe die Funktion noch näher in Kapitel 7.0 (Bauteile). Man findet solche Schalter meist, indem man dem dünnen Druckschlauch folgt, der am tiefsten Punkt der Waschtrommel austritt und zu einem höher gelegenen Haltewinkel führt, an dem der Schalter so montiert ist, daß der Schlauch von unten angeschlossen ist. In dieser Betriebslage montiert man den Schalter dann am Regenwasserbecken, etwas oberhalb des höchsten Wasserstandes und versieht ihn mit einem längeren Schlauch oder besser mit einem Stück Rohr, das dann ins Becken hängt und knapp über dem Boden endet. Am Schalter sind Einstellmöglichkeiten vorhanden, mit deren Hilfe man den Schalter so einstellt, daß er die Pumpe abschaltet, sobald der Wasserstand z.B. nur noch 10 cm Höhe hat.

In Abb. 3.5-3 ändert sich die Schaltung nur geringfügig: Die Netzleistung wird zunächst über den Kontakt des soeben eingebauten Druckschalters geleitet (natürlich nur einpolig, auf eine besonders gute Isolation ist zu achten) und dann mit der Schaltung aus Abb. 3.5-3 verbunden.

3.5.3 Erweiterungen

Sofern man nicht gleich aus dem Stand heraus eine Super-Luxus-Anlage bauen will, wäre man jetzt schon bei einer brauchbaren Teilanlage angelangt, die sehr geringen Aufwand erfordert und somit schon recht optimal läuft. Dies war auch für mich die Grundlage und der Ausgangspunkt für weitere Experimente. Ich möchte hier nun einige Erweiterungen vorstellen, die mir unter anderem auch von Lesern der ersten Auflage dieses Buches zugeschickt wurden. Hier zeigt sich, welch großes Ideenpotential in "uns Bastlern" steckt.

Wenden wir uns zunächst einigen **Einzelheiten des Sammelbeckens** zu. Man nehme einen irgendwie gearteten Behälter. Bei Schwerkraftanlagen dürfte hauptsächlich ein Kunststoff- oder Blechtank in Frage kommen. Im Keller oder Außenbereich bietet sich zusätzlich der Bau eines Beckens aus Beton (siehe mein Beispiel), aus Betonringen oder anderen Fertigteilen, aus Mauerwerk etc. an. So könnte man evtl. eine von früheren Zeiten noch vorhandene Sickergrube oder Zisterne entsprechend nutzen. Gebrauchte Teile sollten allerdings sorgfältig gereinigt werden. Beim Einbau des Beckens in das Haus empfehle ich, den Behälter in eine Wanne zu stellen, die so groß bemessen ist, daß bei einem Leck im Tank der ganze Inhalt aufgefangen werden kann. Diese Wanne kann relativ klein bleiben, wenn man sie mit einem Abflußrohr versieht, das bei einem Defekt das überschüssige Wasser sofort in die Kanalisation leitet. Ein solches Becken könnte im einfachsten Fall aus einer Holzkiste bestehen, die mit einer kräftigen, wasserdichten Kunststoffolie ausgelegt wird.

Abb. 3.5-4 zeigt eine solche Tankanordnung mit allen nur erdenklichen Einzelheiten. Das **Regenwassereinlaufrohr** wird relativ weit in den Behälter hineingelegt, um Plätschergeräusche bei leerem Behälter zu vermeiden und um das Wasser im Tank etwas umzuwälzen. Ist der Behälter völlig dicht, (Kunststofftank o.ä.), so sollte für eine **Entlüftung** gesorgt werden, damit das einlaufende Wasser ungehindert zufließen kann. Diese Entlüftung kann im einfachsten Fall aus einem Stück Schlauch bestehen, das oben am Behälter angeschlossen wird. Dort wird die Öffnung mit einem Fliegengitter abgedichtet bzw. mit einer (nicht luftdichten) Haube versehen. Ein **Überlauf** muß in jedem Fall vorhanden sein, wobei dieser auch mit dem Einlaufrohr gekoppelt werden kann. Evtl. ist damit auch schon wie in meinem Beispiel für eine genügende Entlüftung gesorgt. Der Überlauf kann entweder an die alte Regenwasserkanalisation angeschlossen werden, oder, was mir heute sinnvoller erscheint, im Garten verrieselt oder zur Speisung eines kleinen Feuchtgebietes im Garten genutzt werden. Unser kleines Minifeuchtgebiet zieht im Sommer so viele Tiere (Frösche, Vögel) an, daß es eine wahre Freude ist!

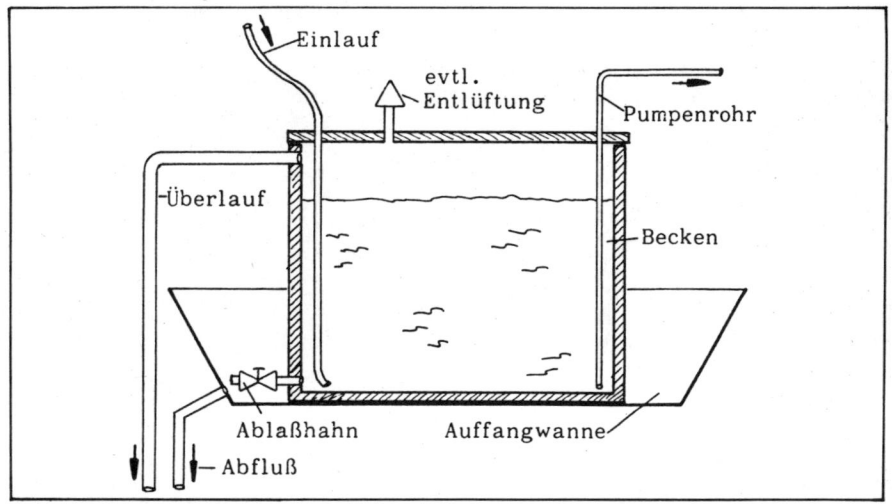

3.5-4 Einfach-Selbstbaubehälter mit Auffangwanne

Die Wasserentnahme erfolgt bei Schwerkraftanlagen über ein **Ablaufrohr,** das natürlich an der tiefsten Stelle des Tanks angebracht werden muß. An dieser Stelle sollte gleich ein Handventil installiert werden, damit die Anlage hier stillgelegt werden kann. Daß die Dichtungen besonders sorgfältig angebracht werden müssen, versteht sich wohl von selbst. Auch bei einer Pumpenanlage kann ein solches Ablaufrohr sinnvoll sein, um das Becken ohne Pumpe zu entleeren. Das **Saugrohr** für die Pumpe wird dann von oben in den Behälter geführt, auch etwa zur tiefsten Stelle. Es ist allerdings sinnvoll, das Rohr einige cm über dem Boden enden zu lassen, damit nicht jeder Schmutz angesaugt wird, der sich am Boden ablagert. Es ist nicht weiter tragisch, daß man nicht auch noch den letzten Tropfen Regenwasser nutzen kann.

Die alten Zisternen hatten meist eine Schwengelpumpe, die oben auf der Abdeckung des Beckens montiert war. Dies wäre vielleicht eine interessante zusätzliche Möglichkeit bei einer Außenanlage. Man kann dann auch ohne elektrische Pumpe Wasser zapfen.

Wer in Richtung **Filterung** etwas mehr tun will, kann in das Einlaufrohr einen **Sandfänger** einbauen. Dies könnte im einfachsten Fall ein alter Kunststoffkanister sein, in den von oben Zu- und Ablaufrohr gesteckt werden. Auch hier muß auf dichten Sitz geachtet werden. Außerdem muß der Kanister zur regelmäßigen Entleerung leicht abnehmbar sein, was sich mit Schnellkupplungen oder Schraubverbindungen machen läßt.

Abb. 3.5-5 zeigt einen solchen Sandfänger, der einen grossen Teil des mitgeführten Feinschmutzes zurückhält. Er hat außerdem die Funktion des **Geruchsverschlusses** wie er an jedem Handwaschbecken vorhanden ist. Wenn man ein völlig dichtes Regenwasserbecken bauen will, so sollte man an Zu- und Ablaufrohren einen solchen Geruchsverschluß vorsehen, denn dieser hält auch Kleintiere wie Spinnen, Kellerasseln und Regenwürmer fern.

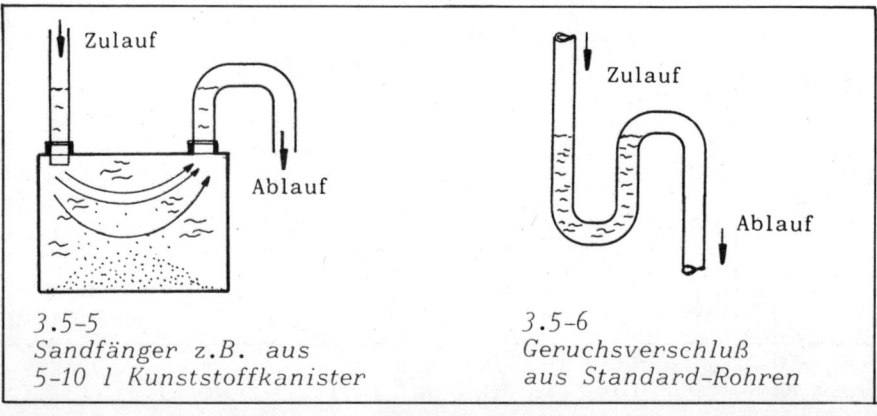

3.5-5
Sandfänger z.B. aus
5-10 l Kunststoffkanister

3.5-6
Geruchsverschluß
aus Standard-Rohren

Eine interessante Erweiterung scheint mir der Ausbau des Sammelbeckens in mehrere Kammern zu sein, so wie die alten Zisternen gebaut wurden. Die alte Technik hat sich schließlich bewährt. Näheres werde ich im Kapitel 5.1 (Zisternen) schildern.

Erweiterungsmöglichkeiten gegenüber meiner Einfachanlage sind natürlich auch in der Leitungsführung und in Zusatzteilen gegeben. Über die Pumpe habe ich schon einiges gesagt. Ein Hauswasserautomat stellt eine gute Alternative dar, die aber auch ihren Preis fordert. Teilweise ist es jedoch möglich, auf dem Lande noch alte Automaten günstig zu erstehen. Man suche sich ein ländliches Gebiet aus, in dem vor kurzem die Häuser an die Wasserleitung angeschlossen wurden. Dort sind meist die Hauswasserautomaten überflüssig geworden, und man muß den Leuten ja nicht gleich erzählen, daß man diese hervorragend für die Regenwassernutzung einsetzen kann. Eine Beschreibung für den Selbstbau eines solchen Automaten kann man im Kapitel 5.2 nachlesen.

Die Erweiterung des Leitungsnetzes auf andere Verbraucher würde ich nach vielen Versuchen und Erfahrungen nur noch mit einem Hauswasserautomaten vornehmen, so daß dieser für größere Anlagen schon fast Voraussetzung ist.

Dann hat auch der Anschluß der WC-Spülung einen Sinn. Dies kann einfach so geschehen, daß man zu der alten vorhandenen Leitung eine neue Regenwasserleitung mit eigenem Eckventil verlegt. Die Verbindung zum WC-Ventil wird über eine flexible Druckleitung gelegt. Ist das Regenwasserbecken einmal leer, klemmt man diese Verbindung einfach auf das alte Eckventil um. Sowohl die Regen- als auch die Frischwasserleitung kann jeweils separat über die Eckventile abgesperrt werden, je nachdem, welche Art gerade in Betrieb ist.

Bei einem Neubau könnte man die WC-Leitungen separat zu einer Zentrale verlegen und hier eine Vorrichtung für die Umschaltung vorsehen, sofern man nicht gleich eine gewisse Automatisierung vornimmt.

Eine weitere Möglichkeit besteht in der Montage eines zusätzlichen Ventils im WC-Spülkasten, das mit etwas Geschick vom Schwimmer des alten Ventils gesteuert werden kann. Hier entfällt dann die Umklemmarbeit, und man braucht nur noch die beiden Eckventile zu betätigen.

Für einen **Neubau** kann ich nur empfehlen, soviel Leitungen wie möglich und sinnvoll getrennt zu einer zentralen Stelle zu verlegen. Gemessen an den Gesamtbaukosten eines Hauses ist dieser Mehraufwand an Installation gering. Man hat dann aber immer die Möglichkeit, die Anlage später zu erweitern und umzubauen. Ich denke dabei an einen stufenweisen Ausbau von der herkömmlichen Anlage über eine Regenwassersammelanlage bis hin zur kompletten Wassersparanlage, bei der nicht nur Regenwasser sondern auch das einmal benutzte Grauwasser verwendet wird.

Die Abwasserleitung sollte man sich ebenfalls genauer ansehen. Wenn man bedenkt, wieviel warmes Wasser noch in die Kanalisation fließt, so wäre es doch sinnvoll, dieses Abwasser durch einen Wärmetauscher (der im einfachsten Fall aus ein paar Meter Kupferrohr bestehen kann) durch das Regenwasserbecken zu leiten, um das Regenwasser schon etwas vorzuwärmen. Ich kenne ein Haus in Bremen, in dem eine solche Anlage seit längerer Zeit erprobt und gemessen wird. Der Betreiber gibt an, daß er nahezu die Hälfte der Energie rückgewinnen kann, was sich in verminderten Energiekosten bemerkbar macht. Vielleicht schreibt mir eines Tages ein Leser, daß er all diese Gedanken, die ich hier nur ansatzweise wiedergeben kann (und vielleicht noch einige mehr) in einer umfassenden Gesamtanlage verwirklicht hat - ich würde mich sehr freuen!
Beim Anschluß neuer Verbraucher sollte man die Dimensionierungshinweise (Kapitel 3.2) beachten.

Die bisher beschriebenen Möglichkeiten haben alle eines gemeinsam: Sie erfordern ein bestimmtes Maß an Einsatz des Betreibers. So automatisch, wie die normalen Wasserleitungen funktionieren, geht es hier nicht. Immerhin ist eine Pumpe vorhanden, die etwas Aufmerksamkeit erfordert, die Anlage kann verschmutzen und bedarf daher einer gewissen Wartung. Und nicht zuletzt muß darauf geachtet werden, daß immer genug Regenwasser im Behälter ist. Bei uns hat sich dieses nicht als sonderlich umständlich erwiesen. Die Pumpe arbeitet problemlos, mit Schmutz und Vereisung gibt es kaum Probleme. Der Wasserstand im Becken wird ab und zu kontrolliert. Hier könnte eine Automatisierung einsetzen.

3.5.4 Automatisierung

Besonders wichtig ist es, die Pumpe vor dem Trockenlaufen zu schützen. Dies könnte so geschehen, wie es in Abb. 3.5-7 dargestellt ist.
Hier wird einfach über ein Schwimmerventil aus einem WC-Spülkasten (ca. 20,- DM) die Wasserleitung angeschlossen, um bei leerem Regenwaserbecken aus der Leitung nachzufüllen. Das Ventil wird dann mit Schwimmer in einer bestimmten Höhe vom Beckenboden montiert (Vorsicht Dichtung!!!) und zwar so, daß der Schwimmer fast auf dem Beckengrund aufliegt. Sinkt der Wasserstand so weit ab, öffnet das Ventil und läßt Leitungswasser nachlaufen. Natürlich nicht so viel, daß das Bekken wieder voll würde sondern nur soviel, daß die Pumpe sicher ansaugen kann. Dies bedarf einer gewissen Tüftelei und

Probiererei. Im Beispiel aus Abb. 3.5-7 wird der Schwimmer so montiert, wie er zu kaufen ist. Hier besteht die Gefahr, daß beim Versagen des Ventils Regenwasser in die Leitung zurückfließen kann. Dies ist aus gutem Grund verboten, und kann durch ein Rückschlagventil verhindert werden. Ich bin allerdings sicher, daß diese Anforderung nicht den Bestimmungen der Wasserversorger entspricht, denn dort hat man eine panische Angst beim Umgang mit anderen Wasserqualitäten. Abb. 3.5-8 zeigt die bessere Version. Das Ventil wird oberhalb des höchsten Wasserstandes montiert. So hat man keine Dichtungs- und Rückflußprobleme. Jedoch muß der Schwimmer mit Hilfe eines zusätzlichen Gestänges so montiert werden, daß die Befüllung in geringen Grenzen bleibt.

Mit dieser Art von "Notversorgung" hat man eine einfache Reserveschaltung und einen sicheren Trockenlaufschutz. Es kann allerdings Probleme geben, wenn sich das Leitungswasser nicht mit dem Regenwasser verträgt, wie ich es einmal erlebt habe, und wie es mir auch von anderen Erbauern solcher Anlagen geschildert wurde (siehe dazu Kapitel 4.3 Betriebssicherheit). Es kommt hier wohl auf eigene Versuche an.

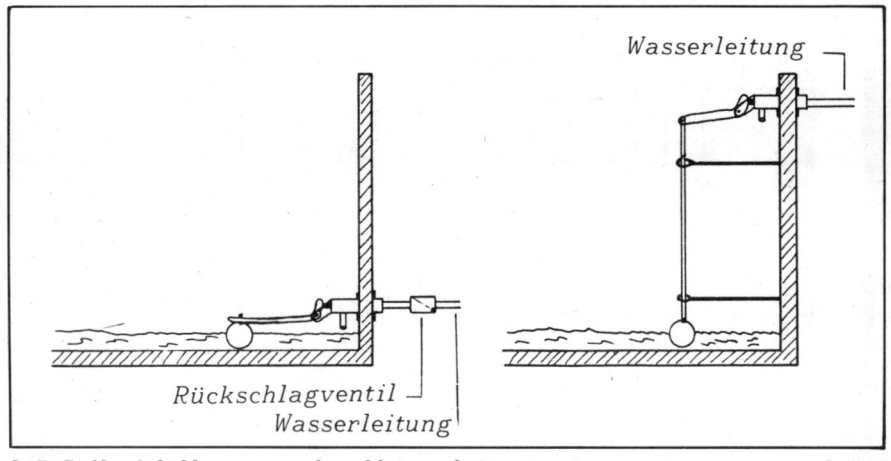

3.5-7 Nachfüllen aus der Wasserleitung   3.5-8

Geschickte Elektrobastler können auch die folgende Schaltung aufbauen und damit eine Pumpensteuerung mit Notabschaltung erstellen. Eigentlich habe ich diese Schaltung entwickelt, um damit den Wasserstand im Tank unseres Campingfahrzeuges anzuzeigen. Sie eignet sich aber auch gut für die Wasserstandsanzeige im Regenwassersammelbecken. Hier zunächst die Schaltung: (Nichtelektrobastler bitte bei Kapitel 4.0 weiterlesen).

Die Schaltung besteht aus einer modernen integrierten Schaltung, dem C-MOS-IC 4069, und wenigen externen Bauteilen. Das IC enthält 6 Inverter, deren Eingänge mit je einem Sensor beschaltet sind. Was hier hochtrabend als "Sensor" bezeichnet wird, ist nichts anderes als ein Stück Kabel, das ins Wasser gehängt wird. Erreicht das Wasser dieses Kabel (das am Ende ein Stück abisoliert ist), und verbindet dieses mit der Bezugselektrode (z.B. an das Pumpenrohr angeschlossen), so schaltet der Inverter um. Wasser hat bekanntlich eine gewisse elektrische Leitfähigkeit. Diese Schaltung funktioniert nun einfach so, daß der Inverter "fühlt", ob diese "Leitfähigkeit" an seinem Sensor anliegt oder nicht. Bei Trockenheit sorgt jeweils ein 1 MOhm-Widerstand dafür, daß der Invertereingang Pluspotential "sieht". Da er dieses invertiert, liegt dann an seinem Ausgang Null. Die verschiedenen Inverter des IC sind nun derartig hintereinandergeschaltet, daß sich diese der Reihe nach gegenseitig steuern.

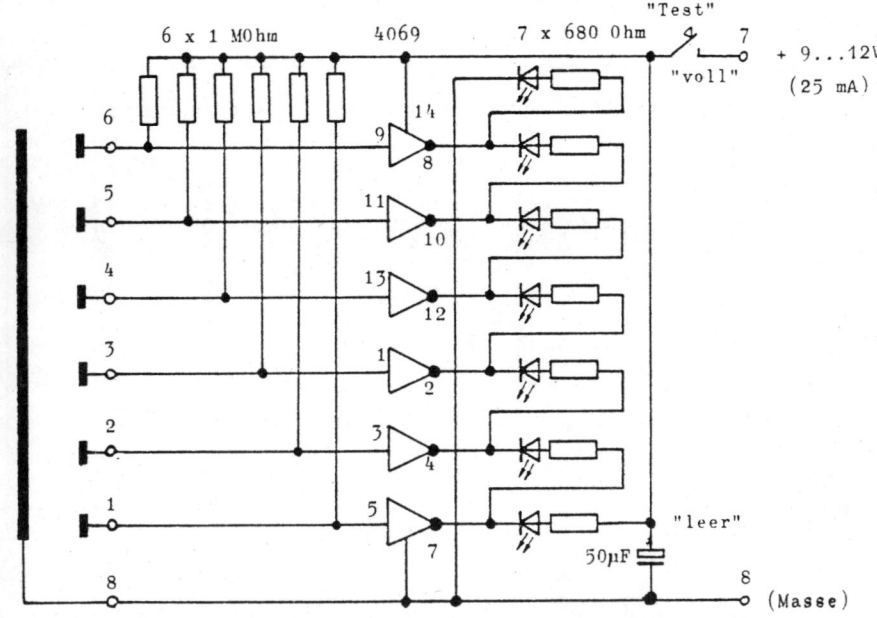

Abb. 4.4-9 Schaltung des Wasserstandsanzeigers

Betrachten wir die Vorzüge im Einzelnen. Das Becken sei leer, d.h. alle Sensoren trocken. Alle Inverter haben am Eingang Pluspotential und am Ausgang Null. Dies bedeutet, daß die untere Leuchtdiode mit ihrem 680 Ohm-Widerstand zwischen

Plus und Minus liegt, also leuchtet. Alle anderen Leuchtdioden bleiben dunkel. Die Anzeige steht also auf "leer". Steigt nun der Wasserstand an und berührt den ersten Sensor, so bekommt der untere Inverter über das Wasser Nullpotential an seinen Eingang und schaltet den Ausgang hoch. Seine Leuchtdiode liegt somit auf beiden Seiten am Pluspotential und erlischt. Gleichzeitig wird die nächste Leuchtdiode aufleuchten, denn sie bekommt vom Ausgang des ersten Inverters Plus und vom Ausgang des zweiten Inverters Minus. Die Funktion der weiteren Bausteine ist somit auch klar. Mit diesen 6 Invertern kann man also insgesamt 7 unterschiedliche Zustände anzeigen (von leer bis voll). Wenn man sich beim Einbau des Sensors etwas Mühe gibt, kann jede Leuchtdiode sogar geeicht werden, so daß man genau sagen kann, wieviel Liter Wasser jetzt noch im Becken sind. Es ist dann sinnvoll, die Stufung der Sensoren so vorzunehmen, daß man im unteren kritischen Bereich eine feinere Stufung erhält als im oberen Bereich. Für Selbstbauer zeigt Abb. 3.5-10 die Einzelheiten der Kontaktbelegung des IC und einen Vorschlag für eine mögliche Anordnung der Leuchtdioden in einer beschrifteten Frontplatte. Abb. 3.5-11 gibt das von mir verwendete Layout und die Maske für die gedruckte Schaltung wieder. Die Leuchtdioden sind alle der Reihe nach an der Platinenoberkante herausgeführt, so daß man hiermit eine kompakte Einheit erhält. Versierte Bastler können nun an den verschiedenen Inverterausgängen Schaltausgänge anbringen, also über einen Treibertransistor ein Relais schalten, das dann verschiedene Automatisierungen steuern kann. So wäre es denkbar, bei leerem Becken die Pumpe abzuschalten (Trockenlaufschutz). Bei vollem Becken könnte die Pumpe zwangsweise eingeschaltet werden und den Überschuß in einen

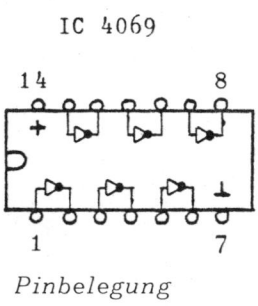

Pinbelegung

Abb. 3.5-10 Einzelheiten

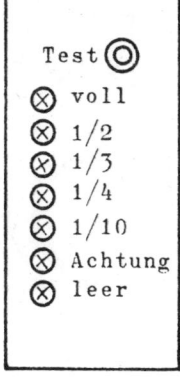

Vorschlag für Frontplatte

anderen Speicher pumpen. Für die kombinierte Pumpen- und Schwerkraftanlage kann die Füllung des oberen Behälters sehr komfortabel gesteuert werden. Und nicht zuletzt könnte mit der letzten oder vorletzten Schaltstufe eine Warnlampe aufleuchten "Achtung: Nur noch einmal Waschen möglich". Diese Ausführungen möchte ich allerdings dem versierten Elektrobastler überlassen.

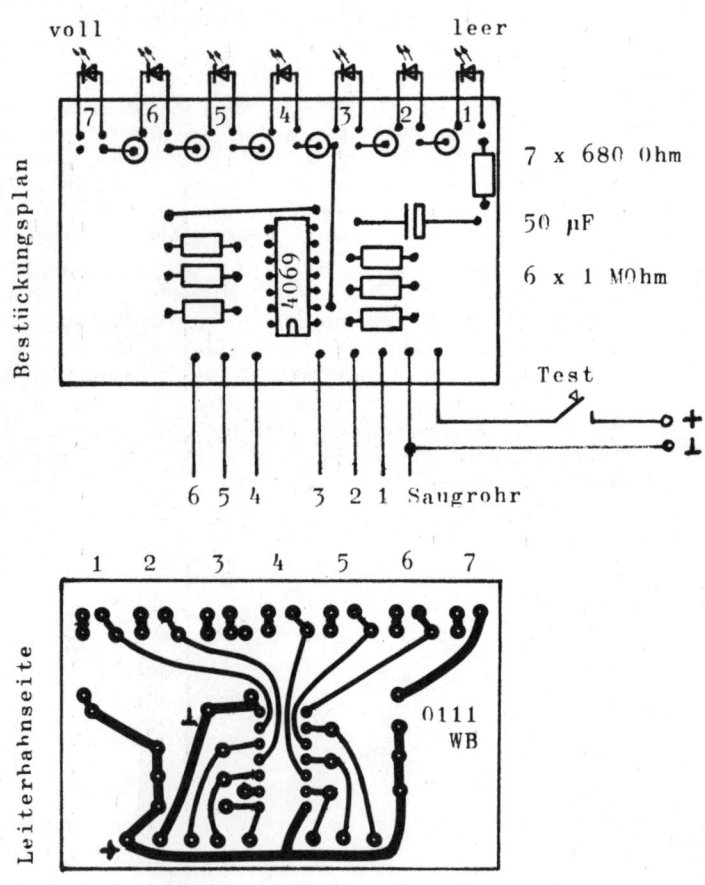

Abb. 3.5-11   Platinen-Layout und Maske

Abb. 3.5-12 zeigt schließlich den Anschluß und Einbau in die Regenwasseranlage. Der "Sensor" läßt sich gut aus dem inzwischen weit verbreiteten Flachkabel mit mehreren Adern (aus der Computertechnik) aufbauen. Man kann so ein 7-adriges Kabel von der Platine direkt zum Becken führen. Eine Ader (Masse Nr. 8) wird an das Pumpenrohr angeschlossen. Die restlichen Adern werden in entsprechender Höhe abgeschnitten, etwas abisoliert und das ganze Kabel dann am Pumpenrohr mit wasserfestem Klebestreifen fixiert.

Die Stromversorgung kann durch eine 9-Volt-Blockbatterie geschehen, die dann aber über einen Tastschalter angeschlossen werden sollte. Diese Taste wird nur zur Kontrolle kurz gedrückt und ermöglicht eine sehr lange Lebensdauer der Batterie. Bei einer Dauerkontrolle. speziell, wenn Steuerungen damit betrieben werden sollen, empfiehlt sich eine Stromversorgung aus einem kleinen Netzteil.

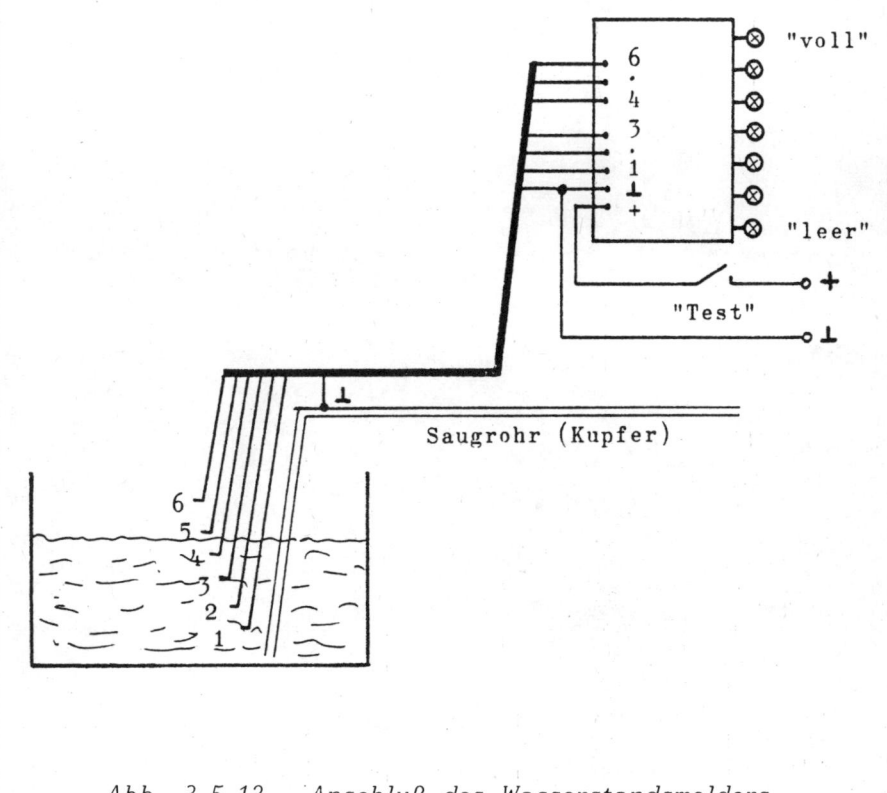

Abb. 3.5-12   Anschluß des Wasserstandsmelders

4.0 Erfahrungen mit der Regenwasser-Sammelanlage

Nachdem die Anlage im November 1979 in Betrieb genommen wurde, kann ich nun auf eine mehrjährige Erfahrung zurückblicken. Man muß jedoch bei den folgenden Betrachtungen berücksichtigen, daß die Anlage im ersten Jahr nie über längere Zeiten unverändert in Betrieb war, da ich öfter Umbauten vornehmen mußte. Außerdem wurde zunächst nur die Waschmaschine mit Regenwasser betrieben. Dabei gab es, bis auf den Ausfall der ersten (provisorischen) Pumpe keine Schwierigkeiten mit der Anlage selbst. Probleme gab es mit Schmutz, der aus der Dachrinne kam, mit Eis im Winter und mit überlangen Trockenzeiten im Sommer 1980. So konnte zum Teil das anfallende Regenwasser nicht voll genutzt werden, weil das Becken sehr oft überlief, und in den Trockenzeiten war zweimal eine Umschaltung auf das teure Trinkwasser notwendig. Daraus ergaben sich gleich zwei Forderungen:

1. Anschluß möglichst großer Dachflächen, also nach Möglichkeit des gesamten Daches, auch des Garagendaches und sonstiger Regenwasser-Rohre z.B. auf der Terrasse.

Abb. 4.0-1   Im Winter keine Probleme. Eine dünne Eisdecke schwimmt auf dem Wasser, stört jedoch nicht die Funktion.

2. Bau eines möglichst großen Beckens. Die hier gebaute 1200 l
   - Version reichte gerade für den Betrieb der Waschmaschine,
   wobei starke Regenfälle meist nicht voll aufgefangen werden konnten. Nach Anschluß weiterer Verbraucher wurde
   zwar das Regenwasser besser genutzt, aber auch häufiger
   eine Umschaltung erforderlich. Gerade deswegen empfiehlt
   sich der Einbau der automatischen Umschaltung.

4.1 Wasserverbrauch

Tabelle 4.1-1 zeigt den ermittelten Verbrauch an Trinkwasser
im Laufe der letzten Jahre. Die werte sind auf volle m^3 gerun-
det, was im Laufe des Jahres ausgeglichen wird. Im Jahr 1979
war die Regenwasser-Sammelanlage noch nicht in Betrieb; dieses Jahr kann daher als Vergleichszeitraum herangezogen werden.

Wasserverbrauch in m^3								
Monat	1979	1980	Ein-sparung	1981	Ein-sparung	1982	1983	1984
Jan.	7	5	2	5	2	6	6	6
Feb.	6	5	1	5	1	6	6	6
März	5	5	0	6	-1	3	4	6
April	6	4	2	3	3	5	7	9
Mai	6	6	0	7	-1	8	8	8
Juni	7	6	1	5	2	7	7	8
Juli	5	6	-1	1	4	3	6	11
Aug.	7	4	3	6	1	6	8	3
Sept.	6	5	1	5	1	7	7	9
Okt.	7	5	2	4	3	5	6	6
Nov.	6	5	1	7	-1	6	6	6
Dez.	5	5	0	6	-1	7	7	8
Summe	73	61	12	60	13	69	78	86

Abb. 4.1-1

Einsparung im 1. Jahr:
Im Vergleichszeitraum von 1979 wurden 73 m^3 Wasser verbraucht.
Dem stehen nun im Jahre 1980 mit noch nicht voll genutzter
Regenwasseranlage 61 m^3 gegenüber, was einer Ersparnis von
12 m^3 also im Schnitt etwa 1 m^3 pro Monat entspricht.

Kosten:
Ein m^3 Wasser kostete in dieser Zeit DM 1,40 zuzüglich einer
Abwassergebühr von DM 1,06 und der damals 13%igen Mehrwert-
steuer. Da die Grundgebühr durch diese Ersparnis nicht be-
rührt wird ergibt sich so eine **Jahreskostenersparnis von
DM 33,35.**

Hiervon müßten die zusätzlich entstandenen Stromkosten für die Pumpe abgezogen werden können. Sie hat also 12 m³ Wasser gepumpt, was einer Laufzeit von ca. 12 Stunden oder einer Energieaufnahme von 6 kWh entspricht. Das wären bei einem Tarif von ca. DM 0,25/kWh, wie wir ihn als Kleinverbraucher haben, ganze DM 1,50, also vernachlässigbar wenig!

Aus Kindern werden Erwachsene: dies zeigt sich deutlich im Wasserverbrauch. 1979 wurde noch kein Regenwasser genutzt. 1980 gab es daher nach Einführung der Regenwassernutzung eine deutliche Einsparung, die sich bis 1981 hielt. Die Kinder (Jahrgang 78 und 79) forderten dann langsam auch ihren Teil, was zu einer stetigen Steigerung des Wasserverbrauchs führte. Die Werte der verschiedenen Jahre sind daher leider nicht mehr untereinander vergleichbar.

Unser Regenwasser-Ertrag im gleichen Zeitraum ist in der folgenden Tabelle dargestellt (für 53,2 m² Dachfläche):

Regenwasserertrag in m³						
Monat	1979	1980	1981	1982	1983	1984
Jan.	1,3	2,6	3,3	3,0	5,0	4,8
Feb.	2,0	2,5	1,5	0,6	2,2	2,4
März	3,3	1,8	5,8	2,9	3,5	1,3
April	2,6	2,8	0,5	1,6	4,2	1,0
Mai	3,9	0,7	5,8	3,8	4,8	4,2
Juni	1,9	6,5	5,4	3,2	2,8	2,9
Juli	3,6	3,5	2,5	1,3	1,0	1,7
Aug.	2,7	3,1	4,5	4,1	0,7	1,7
Sept.	1,7	3,2	2,2	0,8	3,2	5,3
Okt.	2,9	3,0	4,6	4,9	4,2	4,8
Nov.	3,2	3,1	4,3	2,5	3,4	2,9
Dez.	2,9	2,6	1,9	2,6	3,0	1,9
Summe	32	35	42	31	38	35

Abb. 4.1-2

Nach den Erfahrungen des Jahres 1980 konnte diese anfallende Regenwassermenge nur zu etwa einem Drittel genutzt werden. In diesem Jahr lag allerdings auch die Experimentierphase mit relativ schlechter Nutzung. In den folgenden Jahren würde ich den Nutzungsgrad auf ca. 50 % schätzen, also bis zu etwa 20 m³ pro Jahr. Bei besserer - sprich gleichmäßigerer - Nutzung könnte dieser Wert auf bis zu 30 m³ gesteigert werden.

Nachdem in den letzten Jahren die Wasserpreise drastisch erhöht wurden, ergibt sich heute folgende Kostenrechnung:

Preisstellung (Ende 1984)

Wasserpreis	DM 2,05/m^3
Abwassergebühr	DM 2,27/m^3
Mehrwertsteuer	7% (nur auf Frischwasserpreis)

Jeder genutzte m^3 Regenwasser erspart also DM 4,46 (incl. Steuer). Es lassen sich also mit meiner Anlage ca. 70,- bis 90,- DM pro Jahr im Normalbetrieb einsparen (maximal sogar bis DM 130,00). Dies zeigt, wie wichtig die gute Nutzung des anfallenden Regenwassers ist.

Über die Amortisationszeit möchte ich an dieser Stelle keine genaue Berechnung anstellen, da der Verbrauch dieser Jahre doch sehr stark schwankte. Bei der hier gewählten Bauweise hatten wir Kosten von DM 290,00 für das Betonbecken, die Abdeckung und Installation (ohne Pumpe). Real kamen noch einige DM Lehrgeld für mißlungene Versuche hinzu. Dies könnte zu einer Amortisation von 3-4 Jahren führen. Ab dann spart man also wirklich Geld.

Noch einmal sei betont: Es ist wichtig, die anfallenden Mengen des Regenwassers möglichst ohne Verluste zu nutzen.

Eine noch größere Ersparnis ergibt sich mit Sicherheit durch den weiteren Ausbau zur Wassersparanlage, in der auch das einmal gebrauchte Wasser aufgefangen und genutzt werden kann, wie dies in den Vorbetrachtungen schon erwähnt wurde. Da hierfür ein weiteres Sammelbecken gebaut werden muß und größere Änderungen in der Hausinstallation notwendig sind, werden sich allerdings auch größere Investitionskosten ergegen. Lediglich beim Neubau kann hier durch rechtzeitige Einplanung gespart werden. Die Amortisationszeit der gesamten Anlage wird sich also, trotz der größeren Einsparung, wohl kaum verkürzen.

4.2 Verbesserungen

Wie man den hier dargestellten Betrachtungen entnehmen kann, ist meine Anlage **nicht optimal**. Dies betrübt den "Bastler" natürlich zunächst. Ein Grund dafür liegt sicher in der mangelnden Erfahrung vor dem Baubeginn. Inzwischen sind diese Erfahrungen vorhanden und ich möchte sie hiermit gerne weitergeben. Worauf ist besonders zu achten:

* Zuerst sollte man den individuellen Regenwasseranfall berechnen (siehe Kapitel 3.1). Da ein Haus normalerweise mehrere Dachflächen hat, sollten alle Einzelwerte berechnet werden.
* Nach Kapitel 3.2 berechnet man dann den eigenen Wasserbedarf, bzw. die Menge, die durch Regenwasser ersetzt werden kann. Nun zeigt sich bereits, welche Dachflächen unbedingt angeschlossen werden sollten.
* Auf diese Weise kann man erreichen, daß eine möglichst große Menge Regenwasser genutzt wird. Doch merke: **Mehr Regenwasser als tatsächlich fällt, kann man auch nicht verbrauchen (obwohl uns dies ein Vertreter der Stadtwerke vorrechnen wollte!).**
* Die nötige Beckengröße läßt sich nur schätzen. Als Richtwert würde ich eine Reserve für 14 Tage Trockenheit angeben. Dies führt bei einem normalen Einfamilienhaus in der Regel zu einer Beckengröße von 3 - 5 m^3. Unser eigenes Becken mit 1,2 m^3 ist, wie die Erfahrung zeigte, einfach zu klein.

Naja, es war ja auch der erste Versuch. Die zweite Anlage wird besser.

4.3 Betriebssicherheit

Unter Betriebssicherheit verstehe ich hier nicht die Frage, ob Unfälle oder sonstige systembedingte Fehler auftauchen können. Es wird davon ausgegangen, daß die Anlage technisch einwandfrei aufgebaut wurde. So ergaben sich bei uns auch keine Probleme an Leitungsführung und Elektrotechnik. Die Probleme tauchten vielmehr bei der Funktionstüchtigkeit der Pumpe und beim Becken selbst auf.

Über die Pumpe wurde bereits berichtet (Seite 60). Man sollte hier keinen Kompromiß eingehen, denn mit der Pumpe steht und fällt die Qualität der gesamten Anlage. Also keine Experimente, statt dessen lieber eine gute Pumpe, die dann auch viele Jahre hält.

Probleme mit dem Wasserbecken entstanden durch Verschmutzung und Vereisung im Winter. Der Schmutz wurde zunächst durch ein feines Kiesfilter bekämpft. Dies erwies sich als zu wenig durchlässig und führte dazu, daß während der Erprobungszeit sehr viel Wasser verloren ging: es konnte nicht durch das Filter laufen und floß daher einfach auf die Erde, was einem nahestehenden Rohrgras sehr zugute kam. Trotz des feinen Filters war der Boden des Beckens in kurzer Zeit völlig schwarz. Offenbar gab es sehr kleine Schmutzpartikel, die das Filter passieren konnten. Da die Pumpe und die anderen Verbraucher durchaus auch größere Partikel verarbeiten können, ist eine Feinfilterung gar nicht nötig. Ich ersetzte also das Filter durch ein Sieb (normales rundes Küchensieb), das die größeren Schmutzteile zurückhält und ab und zu einfach aus der Halterung oben im Einlaufrohr genommen und ausgeleert werden kann. Der Boden des Beckens ist nach wie vor schwarz, aber die Anlage läuft einwandfrei. Anfangs meinte ich, daß dieser schwarze Schlamm öfter entfernt werden müsse. Es zeigte sich jedoch, daß die Schicht so dünn war, daß eine Reinigung höchstens einmal pro Jahr nötig sein würde. Am besten nutzt man die Gelegenheit, wenn das Becken einmal fast leer ist. Mit dem verbleibenden Wasser kann man dann das Becken reinigen.

Auch beim Reinigen des Beckens gab es eine bemerkenswerte Erfahrung. Im Regenwasser befinden sich natürlich auch Algen, die sich einmal so stark vermehrt hatten, daß das Wasser grünlich aussah. Es sollte daher dafür gesorgt werden, daß die Abdeckung lichtdicht ist, da Licht das Algenwachstum fördert. Natürlich könnte man die Algen durch Zugabe von Chlorbleichlauge abtöten. Wer jedoch nicht mit Chemie arbeiten will, braucht gar nichts zu tun. Die Algen wirken sich auf die Wasserqualität auch durchaus positiv aus, sofern sie nicht überhand nehmen. Bei mir ergab sich nach einem Jahr ohne Reinigung ein völlig störungsfreier Betrieb und das Wasser ist stets völlig klar bis zum Grund des Beckens. Ich möchte nicht wissen, wie trübe dieselbe Menge Leitungswasser aussehen würde, mit all den chemischen Bestandteilen sowie den abgetöteten Algen und Bakterien.

Eines darf man auf keinen Fall machen:

Ich hatte einmal versucht, das Becken mit einem starken Strahl aus dem Schlauch abzuspritzen, den ich natürlich an die Wasserleitung angeschlossen hatte. Sofort entstand im Becken eine total trübe Brühe, die sich nicht wieder klärte. Am Beckenboden bildeten sich spinngewebeartige Fasern und Schlieren. Ich vermute, daß dieser Effekt tatsächlich durch die im Leitungswasser enthaltenen Chemikalien eintrat, die mit Sicherheit sämtliches Leben im Regenwasser abtöten und so zu dieser unangenehmen Schmiererei führten.

Oberste Regel also:

Man gebe sich nicht seinem Reinlichkeitstrieb hin, sondern überlasse das Becken sich selbst. Nur in Ausnahmefällen sollte es gereinigt werden, aber dann ohne Zusatz von Leitungswasser oder gar Reinigungsmitteln. Außerdem spart es Zeit. Das Argument, daß eine Regenwasseranlage Mehrarbeit verursacht, die den Spareffekt aufhebt, zieht nicht!

Vereisung war das andere Problem, das allerdings nicht sehr groß ist. Im Winter fällt in der Regel reichlich Schnee, der zunächst zwar auf dem Dach liegenbleibt, aber irgendwann völlig abtaut. Selbst bei sehr langem Frost kann man davon ausgehen, daß die durch das Dach abgestrahlte Wärme für eine ständige Schneeschmelze sorgt. Das Schmelzwasser tropft dauernd in das Sammelrohr, und gleicht somit sogar starke Schneefälle und Trockenperioden aus. Da das Becken im Boden bis unter die Frostgrenze reicht, kann es nicht einfrieren und zerstört werden. Lediglich auf der Oberfläche bildet sich eine dünne Eisschicht, die aber nicht stört und selbst dazu sind mehrere aufeinanderfolgende Frosttage nötig. Nur ein einziges Mal war auch das Saugrohr eingefroren, das mit dem Gasbrenner sehr schnell wieder aufgetaut werden konnte. Ansonsten saugt die Pumpe auch aus dem eingefrorenen Becken das Wasser ohne Probleme ab. Abgesehen von der dann recht niedrigen Wassertemperatur gibt es keine Winterprobleme. Ist der Tank im Haus aufgebaut, wird das Wasser sogar schon durch die Hauswärme mit vorgewärmt. Einen guten Beitrag zum Energiesparen brächte es, wenn man die Abwasserleitung des Hauses durch einige Rohrwindungen durch dieses Regenwasserbecken leiten würde. Durch warme Abwässer geht sehr viel Energie verloren, die hier zum Vorwärmen genutzt werden könnte.

Das Becken ist nun, nach der Erprobungsphase, praktisch wartungsfrei und arbeitet völlig problemlos. Man kann es wirklich "vergessen".

Abb. 4.3-1 So fügt sich die Anlage an das Haus an

4.4 Perspektiven

Eine gute Amortisation der Anlage ergibt sich durch die weitgehende Nutzung von Altteilen, wie sie hier zum Teil beschrieben ist. Auch die ausschließliche Eigenarbeit ist hier ein großer Vorteil. Eine gekaufte Anlage wäre finanziell längst nicht so lohnend. Sicherlich lassen sich im Einzelfall noch einfachere und billigere Lösungen finden, als der hier beschriebene Weg zu zeigen versucht.

Technische Verbesserungen würde ich nur in der Wahl der Beckengröße und der Dachfläche sehen: alle verfügbaren Dachflächen anschließen, wobei die Leitungsführung nicht zu kompliziert sein darf. Und grundsätzlich ist das Becken so groß wie möglich auszulegen, ein doppelt so großes Becken kostet nicht doppelt soviel, bringt aber mehr Wasserersparnis. Ich würde bei einem Neubau eine Beckengröße von 3 - 5 m^3 anstreben, und dann folgende Verbraucher anschließen:
Waschmaschine
Zapfstelle
WC-Spülungen
Waschbecken für Reinigungszwecke

An jeder Zapfstelle sollte dann ein Schild angebracht werden:
"Vorsicht! Kein Trinkwasser"

Oberflächlich betrachtet gilt zunächst nur das Argument der reinen Wasserersparnis. Allerdings sollte man noch einmal zur Seite 9 zurückblättern und die weiteren Argumente lesen. --- Auch diese können sich in Form von Geldersparnis beträchtlich bemerkbar machen. Aber es gelten auch wichtige Aspekte des Umweltschutzes. Unser Wasserversorgungssystem hat gewaltige Schwachstellen. So wird unser Trinkwasser in bestimmten Gebieten aufbereitet und abgepumpt. Es geht also hier verloren und wird in riesigen Mengen an anderer Stelle der Umwelt wieder übergeben, nur in einem erheblich verschmutzten Zustand. Ziel einer vernünftigen Wasserversorgung müßte es sein, die Natur so wenig wie möglich zu belasten, was bedeutet: Keine Grundwasserabsenkung durch erhöhten Verbrauch, keine Belastung durch Abwässer, Verbrauch des Wassers am Ort des Anfalls und Rückführung möglichst geringer Mengen Schmutzwasser. Hier hilft unsere Regenwasseranlage mit. Wasser wird an Ort und Stelle gesammelt und benutzt. Frischwasser aus fremden Regionen wird gespart. Dadurch werden auch die Abwässer weniger! Dies zeigt sich dann auch in einer berechtigten Kostenersparnis.

Besonders in Gebieten mit hartem Wasser schont Regenwasser Wäsche und Waschmaschine, außerdem braucht man weniger Waschmittel, in unserem Fall höchstens noch ein Viertel der ursprünglichen Menge. Nimmt man dann noch ein phosphatarmes

Mittel (z.B. Lavexan), so ist man bereits aktiver Umweltschützer. Eine Probewäsche völlig ohne Waschmittel brachte ebenfalls gute Ergebnisse!

Allerdings sollte man nicht unterschätzen, daß man seine Verbrauchsgewohnheiten ändert. Mit dem Bewußtsein, daß man ja Wasser spart, indem man an bestimmten Stellen des Haushalts Regenwasser benutzt, wird dann an anderer Stelle gesündigt. Hierdurch steigt zumindest das Komfortempfinden, ohne daß die Situation gegenüber vorher verschlimmert würde, was ja auch schon ein Gewinn ist. Aber dies ist sicher individuell sehr unterschiedlich zu betrachten.

Stückliste für die Einfachanlage:

			Preis/DM
1 m³ Kies (bis 30 mm		*	60,00
4 Sack Portland-Zement á 50 kg	je DM 6,90	*	27,60
120 Ziegelsteine NF	je DM 0,50		60,00
2 kg Zementfarbe grau	je DM 17,36	*	34,72
2 Tuben Silikonkautschuk-Dichtungsmasse	je DM 4,50	*	9,00
28 m Fichtenholzbretter glattkant 9,5cm breit	je 1,80		50,40
0,8 l Leinölfirnis		*	5,40
1 Steinzeugrohr 15 cmØ 1,5m lang		*	32,21
1 Kunststoffrohr 50mmØ 50 cm lang		*	3,50
1 Regenabflußklappe 10mm		*	15,05
1 Pumpe Siemens AD11, 500 W			270,00
10 m Kupferrohr 15 mm	je DM 4,20	*	42,00
3 Wandscheiben 1"	je DM 2,50	*	7,50
1 Wandscheibe 1/2"		*	2,50
1 Übergang 15 x 1/2"		*	2,50
1 m Gewebeschlauch 3/"			4,50
2 Gardena Schnellkupplungen 3/4"	je DM 5,50	*	11,00
2 Gardena Gewindeteile 1/2"	je DM 1,99	*	3,98
6 Winkelstücke 15 mm Fitting	je DM 0,85	*	5,10
1 T-Stück 15 mm		*	0,85
6 Schlauchklemmen		*	4,35
50 Messingschrauben Senkkopf 4x40 (f.Holzabdeckung)		*	6,10
div. Kleinteile für Montage: Dübel, Schrauben, Rohrhalter		ca.	10,00
1 Küchensieb		*	3,50
2 Relais 220V 1xEIN (für Waschmaschine)			----
1 Fußschalter 1xEIN (für Zapfstelle)		*	3,20
1m Gewebeschlauch 3/4" mit zwei Schlauchklemmen		*	5,30
div. Kleinteile: Kabel, 2 Wasserhähne usw.			

Gesamtsumme: DM 680,26

Bei diesen Preisangaben handelt es sich um eine komplette Aufstellung sämtlicher verwendeter Teile. Hinzu kommen noch einige kleine unbedeutende Posten für Kabel, Lötzinn und

Strom- und Wasserkosten beim Bau. Zum Teil sind die Preise geschätzt bzw. Katalogen entnommen, da viele Teile als Gebrauchtteile verwendet werden konnten. Besonders die nicht mit Preis bezeichneten Teile sind schwierig zu schätzen, da es sich um Teile aus einer alten Waschmaschine handelt. Man sollte wie ich versuchen, möglichst viele Altteile zu verwenden. So wurden hier in Wirklichkeit nur die mit einem * bezeichneten Teile neu gekauft. Die Pumpe sollte besser nicht in die Rechnung eingehen, da sie bei mir auch anderweitig genutzt wird und eine Anschaffung als Gartenpumpe sowieso fällig gewesen wäre. Somit ist der für mich reale Preis:

DM 285,36

5.0 Andere Anlagen

Ich möchte nun einige Einzelheiten über Anlagen vorstellen, wie sie von anderen "Gleichgesinnten" gebaut wurden. Zum Teil wurden diese auf Anregung durch mein Buch erstellt und entsprechend weiterentwickelt. Eine besondere Anlage, von der wir alle noch lernen können ist zweifellos die Zisterne.

5.1 Zisterne

Im norddeutschen Bereich gibt es viele Häuser mit Zisterne. Speziell im Bremer Raum ist das Grundwasser, das an sich reichlich vorhanden ist, sehr schlecht (stark eisenhaltig), so daß es als Brauchwasser wohl genügt, aber nicht als Trinkwasser genutzt werden kann. Deshalb wurde schon seit längerer Zeit in entsprechenden Sammelbecken - den Zisternen - Regenwasser gesammelt, gefiltert und als Trinkwasser verwendet. Ob dies bei der heutigen Luftverschmutzung noch ratsam ist, kann ich nicht sagen. Unsere Pflanzen akzeptieren es jedenfalls noch als Trinkwasser, mit einer entsprechenden Filterung wäre es möglicherweise auch heute für den normalen Gebrauch aufzubereiten. Dies wird jedoch aufwendig und heute kaum sinnvoll sein, da wir ja schließlich ein Trinkwassersystem mit Anschlußzwang haben. Zur eigenen Versorgungssicherheit oder für Häuser ohne Trinkwasseranschluß kann aber der Bau einer solchen Zisterne auch heute noch interessant sein.
   Schließlich ist das Sammelbecken die wichtigste Komponente der bisher beschriebenen Regenwassersammelanlage und bedarf nur noch geringer Verfeinerung.

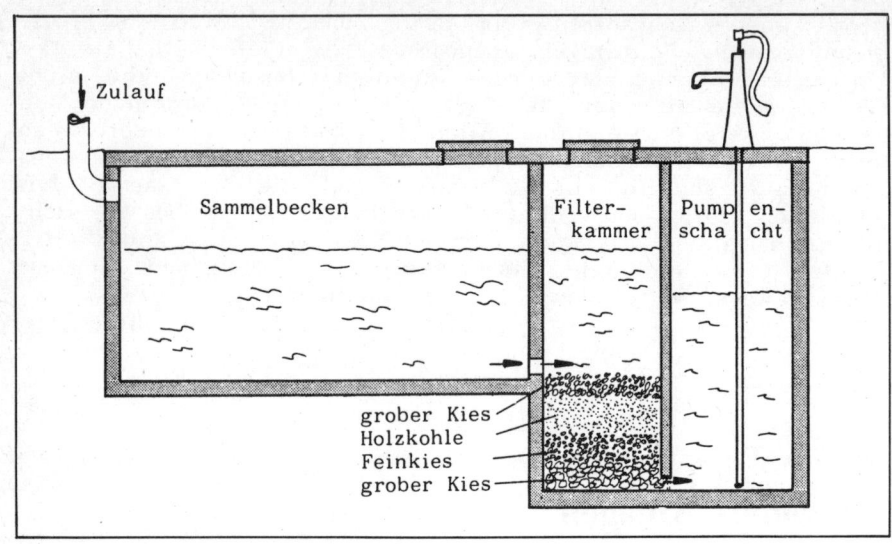

Zulauf

Sammelbecken

Filter-
kammer

Pump en-
scha cht

grober Kies
Holzkohle
Feinkies
grober Kies

5.1-1 Schema einer Zisterne

   Die Zisterne der norddeutschen Bauart ist meistens aus
drei, mindestens jedoch aus zwei Kammern aufgebaut. Das Regenwasser läuft aus dem Fallrohr in die erste große Kammer
(meist 5 bis 10 m³ Inhalt). Hier kann sich grober Schmutz ab-
senken, ehe das Wasser über einen Durchlauf zur zweiten Kammer fließt. Die erste Kammer wird regelmäßig gereinigt. Hier
kann man, wie sich aus meiner Erfahrung zeigt, etwa einmal
im Jahr mit einer Schaufel den Schlamm entfernen. Die zweite
Kammer dient der Filterung. Hier sitzt ein Kiesfilter mit einer
Holzkohlefüllung. Der Feinschmutz wird zuverlässig zurückge-
halten, während die Holzkohle Keime abtötet (Aktivkohlefilter).
Das Filter muß regelmäßig erneuert werden, vermutlich auch
etwa im Jahresrhythmus. Feinfilter sind etwas problematisch,
da sie sich sehr schnell dichtsetzen können, und dann kaum
noch Wasser durchlassen. Die Filter müssen daher einen grossen Querschnitt haben. Außerdem kann es passieren, daß die
Filterwirkung schlagartig aufgehoben wird, wenn sich Kanäle
bilden, durch die das Wasser ungehindert strömen kann. Hier
ist regelmäßige Kontrolle und Wartung wichtig. In der dritten
Kammer steht dann das klare Wasser zur Verfügung. Es versteht sich von selbst, daß zwischen den drei Kammern bestimmte
Höhenunterschiede vorhanden sein müssen, um das Wasser
durch den Filter zu drücken. Pumpenkammer und Filterkammer
müssen so groß sein, daß bei der sehr langsamen Filterung
genügend Wasser zum Verbrauch bereitsteht. In früheren spar-
sameren Zeiten war dies wohl kein großes Problem, denn es

wurde tatsächlich nur mit einer Schwengelpumpe Wasser für die Küche gezapft, und zwar eimerweise.

Abb. 5.1-2 zeigt eine Variante wie sie auch heute noch leicht gebaut werden kann, indem man Betonringe oder ähnliche Fertigteile einsetzt. Die Trennwand wird dann gemauert. Eine solche Mauer kann auch, wie mir berichtet wurde, bereits als Filter ausgeführt werden. Man benötigt hierzu poröse Ziegelsteine, die an sich schon wasserdurchlässig sind. So kann das Wasser langsam durch die Wand laufen und wird dabei hervorragend gefiltert. Da die Durchlässigkeit sehr gering sein dürfte, ist eine große Wandoberfläche erforderlich. Probleme mit Verstopfen oder Auswaschungen der Filtermauer soll es nicht geben. Wie lange es allerdings dauert, bis die Wand als Filter nicht mehr zu gebrauchen ist, war nicht in Erfahrung zu bringen, möglicherweise funktionierte sie ein "Leben" lang.

Zisternen waren immer unterirdisch angeordnet. zuweilen unter der Terrasse, so daß man die Abdeckung gleich als begehbare Fläche ausbaute. Wer heute eine solche Anlage nachbaut, sollte gleich dafür sorgen, daß alle Leitungen in der frostsicheren Tiefe (0,80m oder tiefer) verlegt werden. Außerdem würde ich die Oberkante des Beckens ebenfalls unter einer Erdschicht verschwinden lassen, so daß nur noch die Einstiegsluken (Fertigteile) sichtbar sind. Bei einem eventuellen Neubau meiner Anlage würde ich den Behälter nach diesem Vorbild verwirklichen.

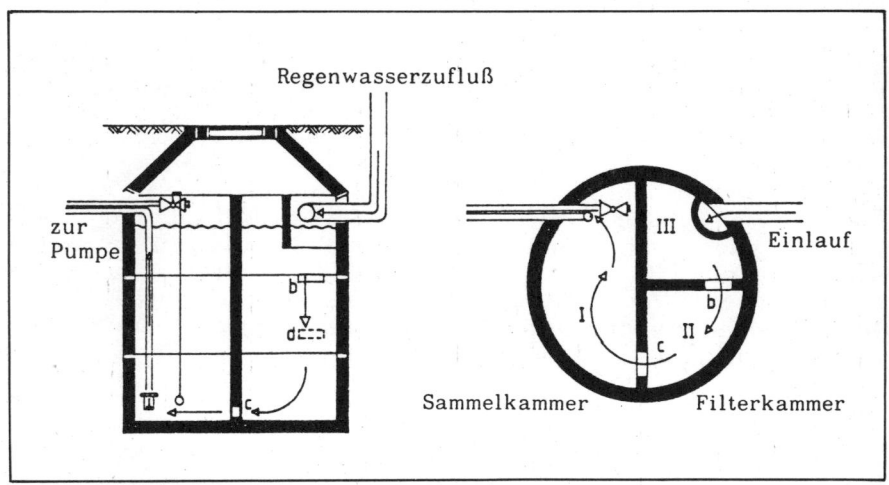

5.1-2 Zisterne aus Betonringen
   bzw. aus Fertigteil-Klärgruben nach DIN 4261

5.2 Der Selbstbau-Hauswasserautomat

Erst kürzlich erreichte mich ein Brief mit dem ausführlichen Bericht über eine interessante Anlage. Aus diesem Brief möchte ich einiges zitieren:

"Ihr Buch und der Sommer 1983 haben mich und meine Frau doch etwas nachdenklich gestimmt und zur großen Tat aufgefordert. Seit 20 Jahren sammele ich Regenwasser auf unserem Grundstück in zwei Betonringen mit einem Durchmesser von je 80 cm (= 500 Liter). Bei jedem kleinen Regen lief das Becken über – bei kurzem Sonnenschein war es wieder leer. Also ging es los: Ich bestellte 10 Stück Betonringe (Fassungsvermögen 8800 l) von 150 cm Ø und 50 cm Höhe (Gewicht pro Ring 10 Zentner). Mit erheblichen Kraftaufwand transportierten wir die 10 Ringe in den Garten und begannen zu buddeln. Mit Hilfe eines Hebewerkzeuges haben wir Ring auf Ring gelegt und die Erde abtransportiert. Die Auflagefläche der Ringe habe ich mit Zementmörtel abgedichtet. Nach 3 Wochen waren die 10 Ringe versenkt und wir (auch die Kinder) in 5 m Tiefe angelangt. Von Grundwasser oder Feuchtigkeit kein Anzeichen. Den Boden habe ich mit Eisen und Zementmörtel betoniert, anschließend den Boden und die Innenwände noch sicherheitshalber mit Ceresit gestrichen. Das Regenfallrohr wurde mit einem PVC-Rohr unterirdisch in den Betonring eingeführt. Eine normale Gartenpumpe, die schon vorhanden war, habe ich mit Druckkessel, Druckschalter, Stromzähler, Manometer, Rückschlagventil, Filter und Wasseruhr ausgerüstet und mit der Saug- und Druckleitung verbunden. Die Pumpenanlage und die Saugleitung sind frostsicher untergebracht. Die Betonringe sind mit einem dreigeteilten Betondeckel abgedeckt (Eigenherstellung). Die Erprobung habe ich noch im Jahr 1983 mit Erfolg abgeschlossen. Seit 1. Januar 1984 versorge ich die Waschmaschine, 2 Toiletten und den Garten mit Regenwasser, zudem verwende ich es zum Autowaschen. Gesamtkosten der Anlage: ca. 1500,- DM. Die hier beschriebene Anlage ist frostfrei installiert und arbeitet das ganze Jahr hindurch. Nur die Zuleitung zum Garten wird im Winter abgestellt und entleert. Der Druckkessel entstand aus einem Stück Gasrohr, auf das zwei Deckel aufgeschweißt wurden. Die Rohrquerschnitte richten sich nach den Anschlüssen der Pumpe und des Druckkessels.

Druckschalter: Membran-Druckregler MDR5 der Fa. Condor Werke, Gebr. Frede GmbH & CO KG, Postfach 2020, 4722 Ennigerloh-Westkirchen

Pumpe: Aquella GS 500 der Fa. Hanning & Kahl GmbH & CO, Frachtstr. 19, 4800 Bielefeld

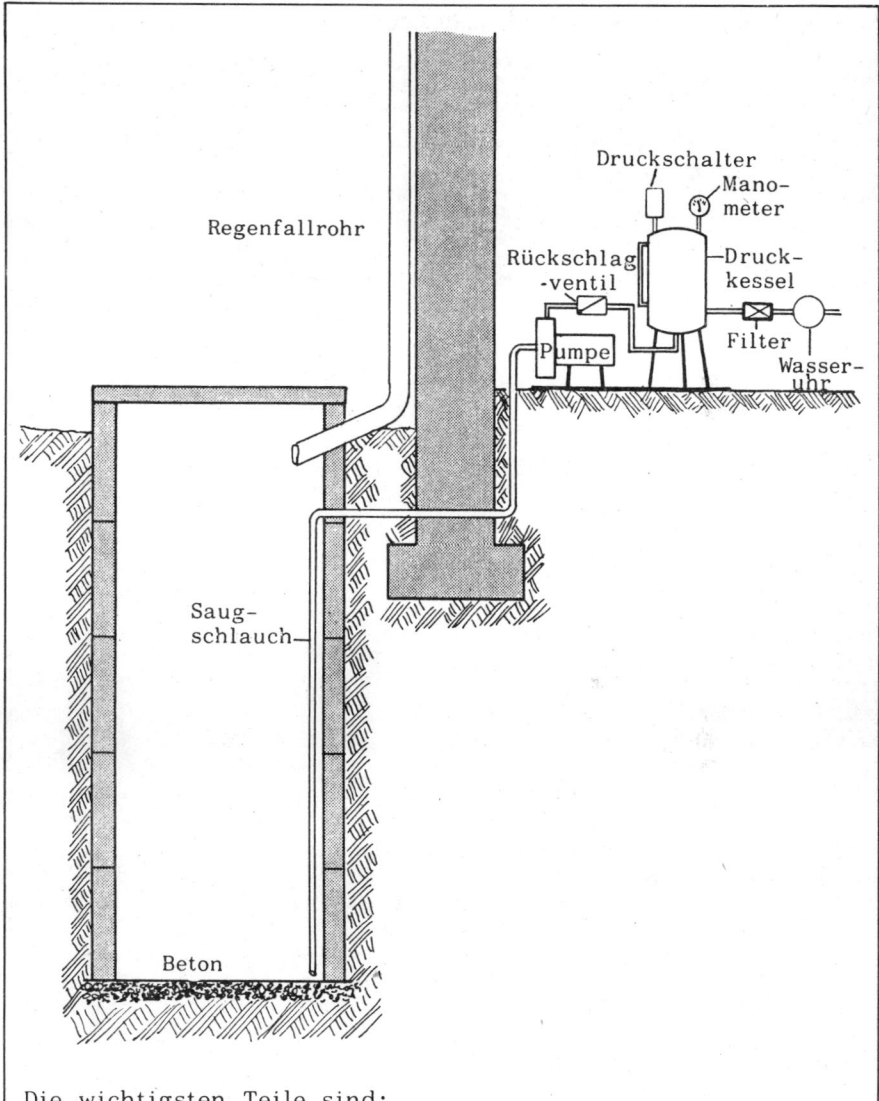

Die wichtigsten Teile sind:

1 Pumpe bis ca. 4 bar	1 Luftventil (Luftpolster ca. 1,5 bar)
1 Saugkorb	1 Absperrschieber
1 Druckkessel	1 Schmutzfänger
1 Rückschlagventil	1 Feinfilter
1 Druckschalter	1 Wasseruhr
1 Manometer	

div. Wasserhähne oder Ventile, Rohrleitungen und Kleinteile

5.2-1 Betonring-Sammelanlage

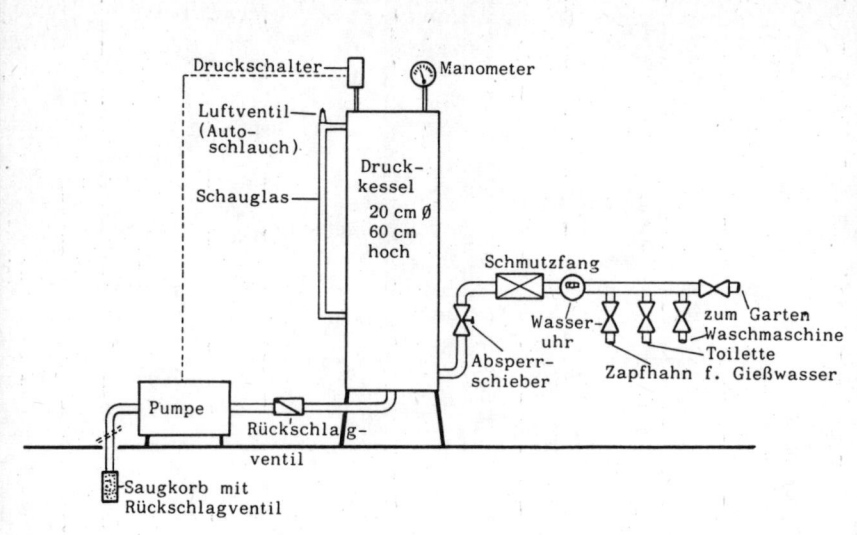

Druckschalter — Manometer

Luftventil — (Auto- schlauch)

Schauglas —

Druck- kessel

20 cm Ø 60 cm hoch

Schmutzfang

Wasser- uhr

zum Garten Waschmaschine Toilette Zapfhahn f. Gießwasser

Absperr- schieber

Pumpe

Rückschlag- ventil

Saugkorb mit Rückschlagventil

5.2-2 Selbstbau-Hauswasserautomat

1 Pumpe
2 Membran-Druckbehälter
3 Druckschalter
4 Manometer
5 Sicherheitsventil
6 Rückschlagventil
7 Absperrschieber

5.2-3 Hauswasserautomat mit ein oder zwei
Membran-Ausdehnungsgefäßen

Funktionsbeschreibung des Selbstbau-Hauswasserautomaten

Wird irgendwo im Verbrauchernetz ein Hahn geöffnet, so fließt Wasser aus der Leitung, das von der Pumpe geliefert wird. Schließt man den Hahn wieder, so arbeitet die Pumpe zunächst weiter und baut in der Leitung einen bestimmten Druck auf. In der Einfachanlage (siehe Kapitel 3.5) würde die Pumpe nun weiterlaufen, ohne Wasser zu fördern. Sie wird dann allerdings nicht ausreichend gekühlt und deshalb bald ihren Geist aufgeben (meine Pumpe ist allerdings schon mehrere Stunden so gelaufen, ohne Schaden zu nehmen). In der automatischen Anlage ist daher ein Druckschalter vorgesehen (Abb. 5.2-2), der bei Erreichen eines bestimmten Druckes (einstellbar) die Pumpe abschaltet. Das Manometer dient hier der Kontrolle. Das Rückschlagventil verhindert nun, daß der Druck nach hinten durch die Pumpe entweichen kann.

Um nun bei geringer Wasserentnahme oder tropfenden Hähnen ein ständiges Ein- und Ausschalten der Pumpe zu vermeiden, was auch zu Stößen im Leitungssystem führt, wird ein Druckkessel (Abb. 5.2-2) oder ein Membran-Ausdehnungsgefäß (Abb. 5.2-3) eingebaut. In diesem Kessel soll sich oben etwa bis zur Hälfte Luft befinden. Das Wasser wird also von unten in den Kessel gedrückt und komprimiert die Luft, ehe der Druckschalter abschalten kann. Wird jetzt ein Ventil geöffnet, so dehnt sich diese Luft zunächst aus und sorgt für den gewünschten Wassertransport. Die Pumpe wird also erst später eingeschaltet. Sie braucht nicht mehr ständig in Gang gesetzt zu werden. Dies bewirkt, daß der Druckverlauf im Leitungssystem ausgeglichener ist.

Es versteht sich von selbst, daß der Druckverlauf im Leitungssystem umso ruhiger und gleichmäßiger ist, je mehr Volumen der Kessel hat. Bei Kleinanlagen hat der Kessel 3 l Volumen, bei großen Anlagen bis zu 200 Liter. Die Anlage in Abb. 5.2-2 hat ca. 16 Liter, was auch schon recht gut ist.

Bei der Inbetriebnahme wird über das Luftventil der nötige Luftdruck im Kessel erzeugt, was dann über das Schauglas sehr schön kontrolliert werden kann. Mit dem Absperrventil kann das ganze System abgeschaltet werden, ohne daß gleich der Druck im Kessel abfällt. Diese Anlage weist also einige interessante Einzelheiten auf.

Zur Nachahmung empfohlen sei auch der Einbau von Strom- und Wasserzählern zur eigenen Kontrolle. Ich habe diesen Aufwand nicht getrieben und daher fast keine reelle Kontrollmöglichkeit.

Für nicht Eingeweihte möchte ich allerdings hier noch den Anschlußplan eines Stromzählers erklären. Eigentlich wird hier nicht der Strom gezählt sondern die Leistung, die über eine bestimmte Zeit aufgenommen wird. Also besteht der Zähler aus einem Spannungsmesser (Spannungspfad) und einem Strommesser (Strompfad), sowie einer motorgetriebenen Uhr. Diese sind so zusammengebaut, daß man kaum erkennen kann, was wozu da ist, zumal alle drei Werte gleichzeitig noch miteinander multipliziert werden müssen.

Beim Anschluß bemerke man: Der Spannungspfad liegt parallel zur Leistung und besteht aus dünnem Draht. Der Strompfad wird von dem zu messenden Strom durchflossen und besteht daher aus einem dicken Draht. Da nicht alle Zähler gleich sind, dürften sich mit dieser Hilfe immer die verschiedenen Anschlußklemmen identifizieren lassen. Abb. 5.2-4 zeigt das Schaltschema und für elektrische Laien das Anschlußbild. Achtung, Sicherung herausdrehen!!!

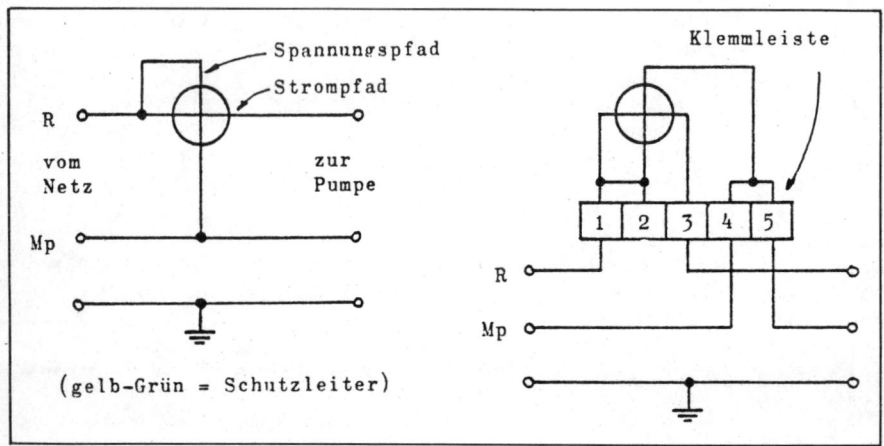

5.2-4 Anschluß eines Einphasen-Wechselstromzählers

Susanne Gross, Thomas Bösl

6.0 Regenwasser-Sammelanlage in Aachen

Im folgenden werden wir den Versuch unternehmen, unsere Erfahrungen mit Regenwassernutzung im privaten Haushalt darzustellen. Wir sind Architekturstudenten und beschäftigen uns mit umweltschonenden Haustechniksystemen.

Auf die ökologische und ökonomische Notwendigkeit der Regenwassernutzung für den Einzelhaushalt ist Wolfgang Bredow ja an anderer Stelle in diesem Buch schon ausführlich eingegangen; deshalb wollen wir gleich mit der technischen Beschreibung einer Anlage beginnen, die wir in der Zeit vom 15. März bis 8. April 1982 in ein Einfamilienhaus in der Nähe von Aachen eingebaut haben. Die Anlage ist in den Zeichnungen 3 und 4 dargestellt. Mit der Zeichnung 3 haben wir versucht, die Anordnung der Regenwasser-Sammelanlage am Haus sowie die der einzelnen Komponenten zueinander zu zeigen, die Zeichnung 4 ist hoffentlich zum Verständnis der Funktion von Nutzen. Wichtige Bestandteile der Anlage sind nummeriert und im Anschluß an die Zeichnungen erklärt.

Funktionsbeschreibung der ausgeführten Regenwasseranlage

Das von uns umgebaute Haus verfügt über eine - auf die Ebene projezierte - Dachfläche von 100 m^2 plus 80 m^2 eines angebauten Wintergartens, insgesamt also 180 m^2. Der Wintergarten ist auch für den untypisch hohen Wasserverbrauch in diesem Haushalt verantwortlich. Die Zisterne wurde von uns für ein Fassungsvermögen von 6000 Litern geplant und ausgeführt. Da sie innerhalb des Wintergartens unterirdisch angelegt werden sollte, entschlossen wir uns, sie in Stahlbeton zu gießen; anschließend erhielt die Wandinnenfläche der Zisterne zur Abdichtung einen Zementschlämmeanstrich. Das Leitungsnetz ist in Kupferrohr hartgelötet. Die vorhandenen Kaltwasser-Steigleitungen lagen so günstig, daß es ohne größere Umbauten möglich war, sie in einen Trinkwasser- und einen Brauchwasserstrang zu zerlegen, so daß das Haus jetzt über zwei Wassersysteme verfügt.

An den Brauchwasserstrang sind angeschlossen:

1. die Berieselungsanlage des Wintergartens sowie ein Spülbecken im Wintergarten
2. der Hofwasseranschluß (Wagenwaschen)
3. die Waschmaschine
4. die WC-Spülungen
5. diverse Handwaschbecken und, weil sie gerade am Strang lagen, eine Badewanne und eine Dusche.

Eine weitere Dusche im Haushalt blieb an das Trinkwasser angeschlossen, wie natürlich auch die Zapfstellen in der Küche und die Waschbecken im Bad.

Das Regenwasser wird von einer Hauswasserkreiselpumpe mit Druckbehälter und Druckwächter unter Druck gesetzt. Das Filtersystem besteht aus einem an die Zisterne anbetonierten Filterkasten, der, wie auch die Zisterne selbst, durch Anheben eines 100 x 100 cm großen Riffelblechschachtdeckels zugänglich wird. Der Filterkasten hat einen Querschnitt von 100 x 45 cm und ist, von der Wasserüberlaufkante aus gemessen, 150 cm tief. Das Regenwasser fließt, vom Dach kommend, zunächst durch ein grobes Laubfangsieb in das obere Drittel des Filterkastens, das durch einen Aluminium-Rollrost vom unteren Teil getrennt ist. Dieses obere Drittel des Filterkastens ist wiederum durch einen Aluminiumschieber in zwei Hälften geteilt, wovon die der Zisterne zugewandte Hälfte mit Filtermaterial (Polyester-Vlies und Blähtonschiefer) gefüllt ist. Um in die Zisterne zu gelangen, muß das Regenwasser zunächst nach unten durch den Rost sinken und anschließend auf der anderen Seite des Schiebers durch die Filterwanne wieder hochsteigen, bis es schließlich über den Überlauf in die Zisterne fließt. Im unteren Teil des Filterkastens setzen sich bei diesem Vor-

Abb.1
Da die Zisterne im Innern eine lichte Höhe von 1,5 m haben und außerdem nach ihrer Fertigstellung wieder von 0,5 m Erdreich bedeckt werden sollte, mußten wir zunächst ein 2,5 m tiefes Loch graben.
Bei einer Länge von 3 m und einer Breite von 2 m ergab das ca. 15 m³ gewachsenen Lehm, die mit der Hand ausgehoben werden mußten.

gang Schmutzpartikel ab, die schwerer als Wasser sind. Damit die Partikel Gelegenheit haben, sich abzusetzen, ist eine möglichst geringe Wasserbewegung von Vorteil. Dies erreichen wir durch das große Volumen des Filterkastens.

Die Filtermasse hält zusätzlich vor allem die Teilchen zurück, die leichter als Wasser sind (Samen, Blättchen usw.). Auf eine Vorrichtung, die den - meist verschmutzten - ersten Wasserschwall nach langen Trockenperioden an der Zisterne vorbeileitet, haben wir verzichtet, da sie uns zu aufwendig erschien. Um einen minimalen Bedienungsaufwand sicherzustellen, gelangt das **gesamte** vom Dach ablaufende Regenwasser zunächst in die Zisterne, also auch dasjenige, welches die überlaufende Zisterne bei starken Regenfällen sofort wieder verläßt.

Baubeschreibung Ortbeton-Regenwasseranlage

Für den Bau der Anlage benötigten wir etwa 200 Arbeitsstunden, wovon jedoch der weitaus größte Teil, nämlich etwa 175 Stunden, für das Ausheben der Baugrube und die Herstellung der Ortbetonzisterne notwendig waren. Da der Wintergarten ja schon vorhanden war und nur über normale Eingangstüren verfügt, mußte das Ausschachten von Hand geschehen.

Abb.2
Hier haben wir gerade auf einer dünnen Schicht aus Magerbeton - der sog. Sauberkeitsschicht - die Bewehrung für die Bodenplatte der Zisterne verlegt.

Wo es möglich ist, empfiehlt sich für solche Arbeiten das Mieten eines kleinen Baggers. Auch die Entscheidung für einen in Ortbeton hergestellten Wasserbehälter fiel aufgrund unserer speziellen Situation, denn Betonfertigteile, die für die Erstellung eines solchen Behälters normalerweise wirtschaftlicher sind, ließen sich nicht in das Innere des Wintergartens transportieren. Die Verwendung von Betonfertigteilen ist auch technisch einfacher als die Erstellung in Ortbeton, die profunde Kenntnisse im Armieren, Verschalen und Giessen von Beton verlangt. Das entsprechende Angebot des Marktes ist vielfältig und reicht bis zum Komplettangebot, bei dem der den Betontank anliefernde LKW auch gleich die Baugrube aushebt, den Tank montiert und die Baugrube anschließend wieder verfüllt.

Zusammenfassend kann man also sagen, daß man auf eine Ausführung in Ortbeton nur zurückgreifen sollte, wenn die Anlage beengten Platzverhältnissen oder schlechten Zugänglichkeiten angepaßt werden muß, d.h., wenn die vorgesehene Baustelle für einen schweren LKW (der die Betonfertigteile anliefert) nicht erreichbar ist bzw. wenn der Selbstbauer Betonbauer von Beruf/aus Berufung sein sollte.

Regenwasseranlage mit Zisterne aus Beton-Fertigteilen

Für die Auswahl eines fertigen oder eines Tanks aus Fertigteilen sollten einige Anforderungen beachtet werden:

* Die Wände des Tanks müssen dem Erddruck standhalten können. Diese Forderung erfüllen die meisten für die Lagerung von Öl gedachten Kellertanks aus Kunststoff oder Blech **nicht.** Es besteht also die nicht zu unterschätzende Gefahr, daß der von Zeit zu Zeit ja auch mal leere Tank von der Erde eingedrückt wird.
* Der Tank sollte der Belastung durch eine mind. 50 cm starke Erdüberdeckung gewachsen sein, damit man im Garten keine kostbare Fläche (außer der Einstiegsöffnung, die natürlich frei bleiben muß) verliert.
* Der Tank sollte ein Mannloch besitzen, durch das man ohne größere Umstände in denselben klettern kann, etwa um ihn von Zeit zu Zeit zu inspizieren, zu reinigen usw. Dieses Mannloch muß nach dem Einbau im näheren Umkreis der höchste Punkt des Geländes sein, damit bei starken Regenfällen keine schmutzige Brühe in den Tank läuft.
* Schließlich sollte die Zisterne bequem so alt werden können wie das Haus, zu dem sie gehört. Denn es ist mehr als nur ein bißchen Arbeit, ein solches Teil zu verbuddeln. Es nach zehn Jahren schon wieder ausgraben zu müssen, kann sehr ärgerlich sein.

Da wir in Kürze eine weitere Regenwasseranlage bauen möchten, für die diesmal ein fertiger oder ein Fertigteil-Behälter verwendet werden soll, haben wir uns mit der Frage eines Behälters, der diesen Anforderungen gerecht wird, intensiver beschäftigt. Dabei stießen wir auf die -recht bekannten - Dreikammer-Kläranlagen in Einbehälterausführung nach DIN 4261, die von zahlreichen Betonfertigteilwerken im Bundesgebiet angeboten werden. Auf die genaue Funktion dieser - mittlerweile eigentlich nicht mehr dem Stand der Technik entsprechenden - Kläranlagen wollen wir hier nicht weiter eingehen - wen das interessiert, der besorge sich z.B. o.g. DIN. Für uns wesentlich ist die Bauform solcher Anlagen. Diese bestehen aus einem zylindrischen, nach oben, zur Einstiegsöffnung hin sich konisch verjüngenden Behälter, der, je nach Größe, aus mindestens vier Beton-Fertigteilen (Oberteil, Fußteil, Zwischenringe) zusammengesetzt wird. Dieser Behälter ist durch Beton-Zwischenwände in drei Abteile unterteilt, wovon eines den halben Raum des gesamten Behälters, die beiden anderen jeweils ein Viertel des Gesamtraumes einnehmen. In den Zwischenwänden befinden sich auf etwa zwei Drittel der Wasserstandshöhe Öffnungen, durch die das Abwasser von einer Kammer in die nächste übertreten kann (siehe Zeichnung 1, links).
Wird der Behälter, wie vorgesehen, als Kleinkläranlage be-

*Abb.3   Auf der erhärteten Bodenplatte errichteten wir dann
diese etwas chaotische Wandschalung*

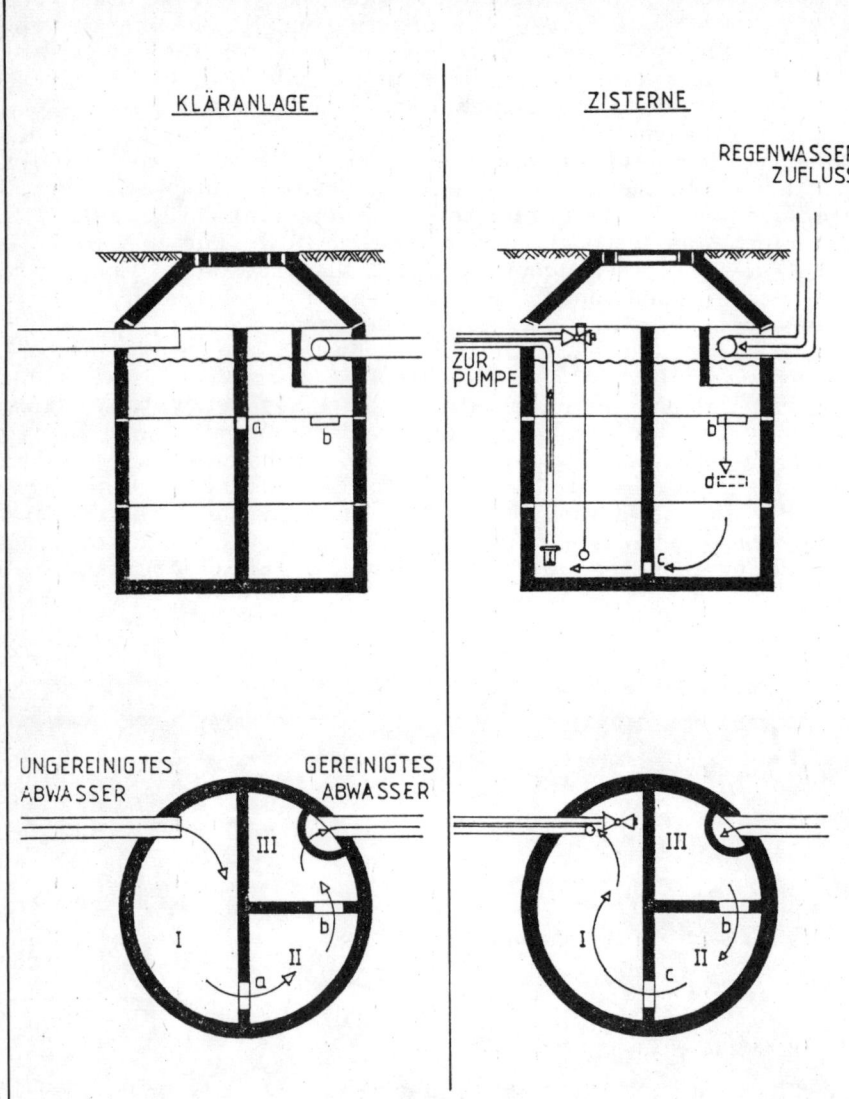

KLÄRANLAGE

ZISTERNE

REGENWASSER
ZUFLUSS

ZUR
PUMPE

UNGEREINIGTES
ABWASSER

GEREINIGTES
ABWASSER

DREIKAMMER KLÄRANLAGE IN EINBEHÄLTERAUSFÜHRUNG NACH DIN 4261
UMFUNKTIONIERT IN EINE ZISTERNE

Zeichnung 1

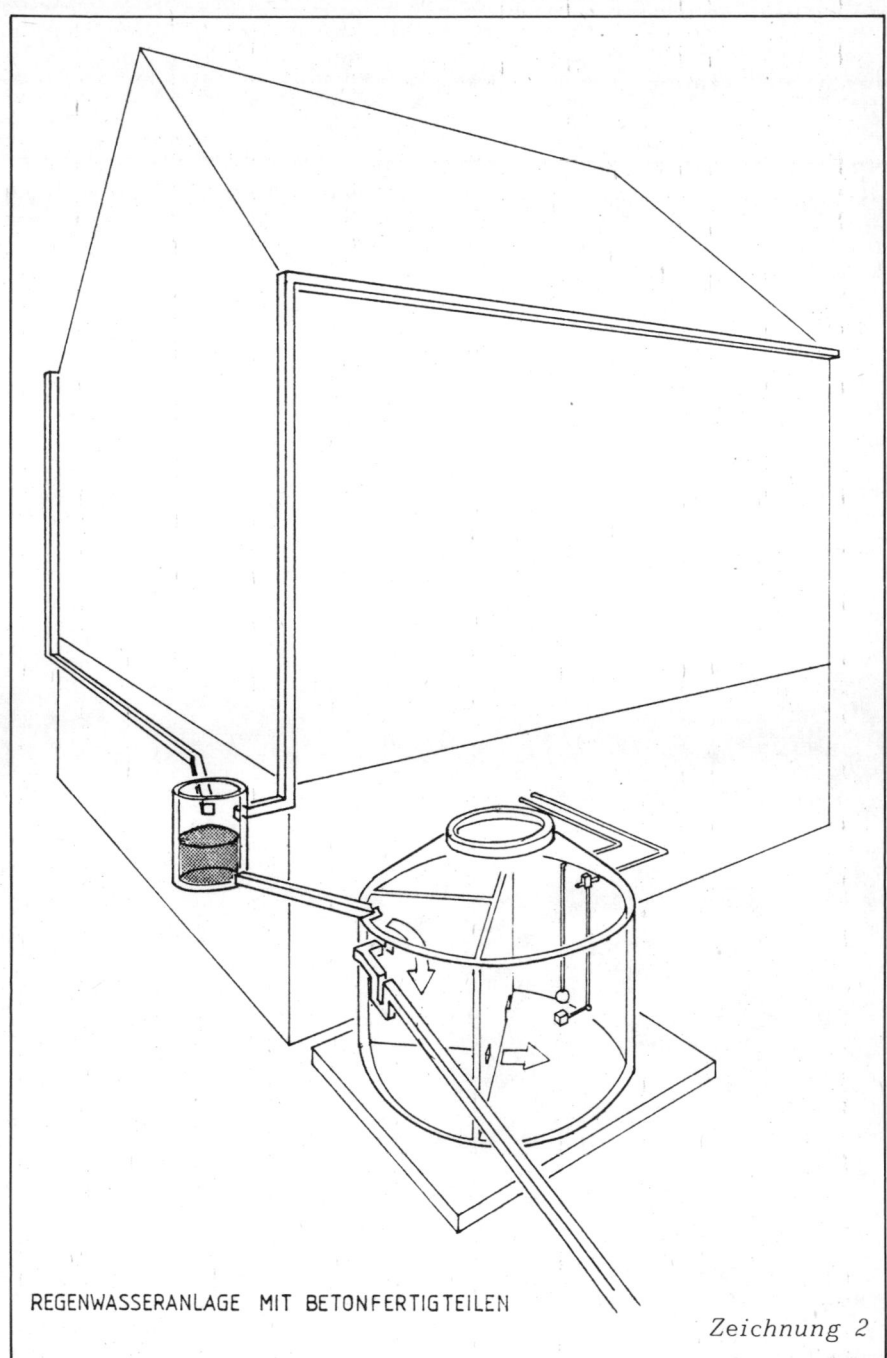

REGENWASSERANLAGE MIT BETONFERTIGTEILEN

Zeichnung 2

nutzt, tritt das Abwasser zunächst in die Kammer I ein, fließt dann durch die Öffnung a in die Kammer II, anschließend durch die Öffnung b in die Kammer III und aus dieser schließlich - leidlich von absetzbaren Stoffen befreit - in die freie Natur. Damit sich möglichst viele Partikel auf dem Boden der einzelnen Kammern absetzen, sind die Öffnungen a und b ziemlich weit vom Boden entfernt angebracht. Unmittelbar an der Wasseroberfläche sind sie deshalb nicht angebracht, weil sich auf dem Wasserspiegel dieser Dreikammergruben häufig eine Schwimmdecke bildet, die am Übertreten in die nächste Kammer gehindert werden soll.

Um den Behälter als Zisterne nutzen zu können, müssen wir lediglich die Öffnung a mit einem guten Reparaturmörtel schließen und eine neue Öffnung in derselben Trennwand, aber unmittelbar über dem Boden anlegen (c). Wir führen das Regenwasserfallrohr dort in den Behälter ein, wo ursprünglich das gereinigte Abwasser abfließen sollte, also in die Kammer III. In dieser Kammer soll sich der vom Dach gespülte feine Schmutz, der schwerer als Wasser ist, absetzen können. Deshalb verbleibt die Öffnung b auf der alten Höhe. Das Ansaugrohr der Pumpe lassen wir in die Kammer I münden. Durch die neue Öffnung c kann die Pumpe jetzt die Kammern I und

Abb.4
Hier sieht man die frisch ausgeschalten Wände der Zisterne, aus denen oben die Bewehrung herausragt, die die Verbindung zur Betondecke herstellen soll.

II leersaugen, während in der Kammer III, unserer Absetzkammer, immer eine bestimmte Wassermenge stehenbleibt. Bei einer 6000 Liter-Dreikammergrube sind es z.B. genau 1000 Liter. Wem das zuviel erscheint oder wer sich für einen größeren Behälter entscheidet, der kann natürlich auch die Öffnung c schließen und eine neue Öffnung d tiefer, z.B. auf halber Höhe des Wasserspiegels anlegen.

Unabhängig von der gewählten Größe der Absetzkammer sollte man eine Vorfilterung, vor allem für die Teile, die leichter als Wasser sind (Blätter, Ästchen usw.) vorsehen. Diese kann man, wie aus Zeichnung 2 ersichtlich, aus Betonringen mit ca. 80 cm Innendurchmesser anlegen. Als Filtermatte empfehlen wir Perlonmatte, von welcher man soviel in eine alte synthetische Gardine einnäht, daß man das entsprechende Kissen gerade noch in die Waschmaschine stecken kann, wo es sich bequem reinigen läßt. Die Perlonmatte bekommt man in Aquarienfachgeschäften in größeren Mengen recht preiswert.

Kosten

Für die ausgeführte Anlage aus Ortbeton betrugen die gesamten Kosten ca. 3000,- DM, die selbst geleisteten Arbeitsstunden nicht mitgerechnet. Eine weitergehende Aufschlüsselung der Kosten wäre für den Leser wohl kaum von Nutzen, da wir z. B. Betonmischer und Schalholz sehr günstig ausleihen konnten, z.T. Altteile verbaut haben, usw.

Um dennoch genauere Aussagen über den Preis einer Regenwasseranlage machen zu können, haben wir deshalb im folgenden die Kosten der geplanten Fertigteilanlage möglichst genau aufgelistet:

Fangen wir mit der Baugrube an. Der Vergleichbarkeit halber nehmen wir an, die Baugrube werde an einem Wochenende als gemeinsame Veranstaltung von der näheren Verwandtschaft und Bekanntschaft ausgehoben, kostet also nur die Verpflegung der beteiligten Personen.

Wenn man den Aushub nicht auf dem eigenen Grundstück unterbringen kann, sondern abtransportieren lassen muß, sind noch etwa .... 200 DM für den Container aufzuwenden.

Zur Herstellung des Fundamentes benötigt man etwa 1 m³ Bergkies, 1 m³ Betonkies und etwa sechs Sack Zement, macht zusammen etwa .... 190 DM

Die Dreikammerkläranlage in Einbehälterausführung mit 6000 Litern Inhalt, die wir als Zisterne verwenden wollen, wurde uns von einer im Kölner Raum ansässigen Firma für .... 1790 DM frei Baustelle angeboten.

Für die Montage durch den LKW-Kran sind noch einmal .... 90 DM
fällig.

Soll die Schachtabdeckung der Zisterne auch mit dem PKW befahren werden können (weil man die Zisterne z.B. in die Einfahrt vor der Garage vergraben möchte), sind .... 180 DM
Aufpreis zu bezahlen.

Zwei Betonringe zur Herstellung des Vorfilters (50 cm hoch, Durchmesser 80 cm) kosten ca. .... 90 DM

Eine begehbare Schachtabdeckung dazu (falls diese nicht selbst -sicher- hergestellt wird) kostet ca. ..... 150 DM

Hauswasserpumpen gibt es ab etwa 500 DM bis 1500 DM und mehr. Wir würden uns wieder für die bei der ersten Anlage gewählten Pumpe entscheiden, die incl. Saugkorb und Rückschlagventil ca. .... 900 DM
gekostet hat.

Das Feinfilter schlägt mit etwa .... 250 DM
zu Buche.

Das Schwimmerventil, das bei mangelndem Regenwasser Trinkwasser in die Zisterne nachfließen läßt, kostet ca. .... 150 DM
(Es gibt auch welche für 30 DM, aber um die muß man sich vielleicht etwas häufiger kümmern.)

Für den übrigen Kleinkram - außer den Rohrlängen sind das drei Schrägsitzventile á 20 DM, ein Rückschlagventil á 20 DM, die Tankfüllstandsanzeige für 10 DM - veranschlagen wir nochmal .... 100 DM

Die benötigten Rohrlängen sind von den Einbauverhältnissen abhängig. Im Fall der von uns ausgeführten Anlage waren ca. .... 300 DM
für Rohre, Muffen und Fittings anzulegen.

Damit haben wir die wesentlichen Kosten dieses Anlagekonzeptes beisammen, summa summarum sind das .. 4400 DM

Und weil man ja doch immer irgendetwas vergißt, sagen wir lieber gleich .... 4500 DM

Was wir hier durchkalkuliert haben, ist natürlich die "Luxusausführung". Wer den Behälter gebraucht oder leicht beschädigt organisieren kann, wer auch mit dem geringeren Wasserdruck und der vielleicht geringeren Zuverlässigkeit eines 500 DM-Hauswasserautomaten leben kann, wer nicht mit dem PKW über den Zisternendeckel muß und wer sowieso immer schwarze Fingernägel und einen 17er Schlüssel in der Tasche hat, der macht's natürlich locker auch für einen Tausender weniger.

Ergebnisse

In der Tabelle im Anhang ist der Trinkwasserverbrauch des umgestellten Haushaltes von 1978 bis einschließlich 1984 dargestellt. Der durchschnittliche Verbrauch in den Jahren '78 bis '81 betrug 328 m^3 Trinkwasser pro Jahr. Das Jahr 1982 lassen wir unberücksichtigt, da im Verlauf dieses Jahres die Regenwasseranlage in Betrieb genommen wurde und keine Zählerablesung zum Zeitpunkt der Inbetriebnahme erfolgte. Der durchschnittliche Verbrauch in den Jahren '83 und '84 betrug 180 m^3. Das ergibt eine Einsparung von ca. 145 m^3 Trinkwasser im Jahr, die im wesentlichen dem Betrieb der Anlage zuzuschreiben ist.

Multipliziert mit 2,50 DM Kanalgebühr und 1,35 DM Wassergeld für den Kubikmeter Trinkwasser ergibt sich eine jährliche Ersparnis von ca. 550 DM.

Abb.5   Das ist alles, was man im Wintergarten von der Zisterne noch sieht. Ihre unterirdische Lage haben wir auf das Photo skizziert. Die Einstiegsluke der Zisterne befindet sich unter dem Fußabtreter vor der Tür.

Zusätzlich ergibt sich eine erhebliche Einsparung an Waschmitteln, da das Regenwasser sehr weich ist. Außerdem verkalken die Heizstäbe der Waschmaschine nicht mehr, was zu einem geringeren Stromverbrauch derselben führt.

Diesen Einsparungen stehen geringe Mehrausgaben für den Stromverbrauch der Hauswasserpumpe und für die Einsätze des Feinfilters gegenüber.

Unserer Erfahrung zufolge sind die Vorstellungen über die Rentabilität einer solchen Anlage von Bauherr zu Bauherr sehr verschieden. (Legt man den eigenen Arbeitsstunden einen angemessenen Stundenlohn zugrunde? Berücksichtigt man auch nicht quantifizierbare Vorteile der Anlage, z.B. die ökologischen? Wie hoch bewertet man die größere Unabhängigkeit von zentralen Versorgungsstrukturen? Usw., usw.).

Es bleibe deshalb dem Leser überlassen, sich in Kenntnis der vorgenannten Anlagekosten, der in unserem Falle erzielten Ersparnis und unter Berücksichtigung seiner individuellen Rahmenbedingungen (Dachfläche, Einbaumöglichkeiten, Verbrauch, Motivation) ein Urteil über die Zweckmäßigkeit einer solchen Anlage zu bilden. Im Hinterkopf sollte man bei solchen Überlegungen haben, daß die Preise für Trinkwasser in den nächsten Jahren sicher steigen werden.

Die Größe der erstellten Zisterne im Verhältnis zur Dachfläche erscheint uns im Nachhinein als knapp ausreichend (35 Liter pro m^2 Dachfläche). Diese Beurteilung gründet sich

Abb.6
Wasserstandsanzeiger

weniger auf wirtschaftlichen Gesichtspunkten als vielmehr auf dem Ärger des Bauherrn über das entgangene Regenwasser, wenn er bei starken Regenfällen die Zisterne überlaufen sieht.

Service

Der Zeitaufwand für den Service ist als sehr gering zu bezeichnen. Im Einzelnen fallen folgende Arbeiten an: Etwa einmal im Monat muß das unter dem Regenwasserzulauf zur Zisterne angebrachte Grobsieb herausgenommen und ausgeklopft werden (fünf Minuten). Etwa alle drei bis vier Monate muß der Feinfiltereinsatz gewechselt werden (fünf Minuten). Etwa alle sechs Monate muß mit einer Handluftpumpe das Luftpolster im Druckbehälter des Hauswasserautomaten wieder aufgepumpt werden (fünf Minuten). Ungefähr einmal im Jahr muß mit einer Schmutzwasserpumpe (beim Installateur ausleihen) der Schlamm aus dem Absetzbecken des Filters abgesaugt werden, gleichzeitig wird die Blähtonfüllung mit dem Gartenschlauch gesäubert (zwei Stunden).

So bequem geht's natürlich nur, wenn die Anlage fehlerfrei arbeitet, was bei der von uns ausgeführten Anlage nach kleinen Änderungen inzwischen der Fall ist. Für die erste Zeit nach der Inbetriebnahme sollte man deshalb vielleicht mit einem etwas höheren Zeitaufwand rechnen.

Abb.7   Hauswasserautomat mit Feinfilter (links)

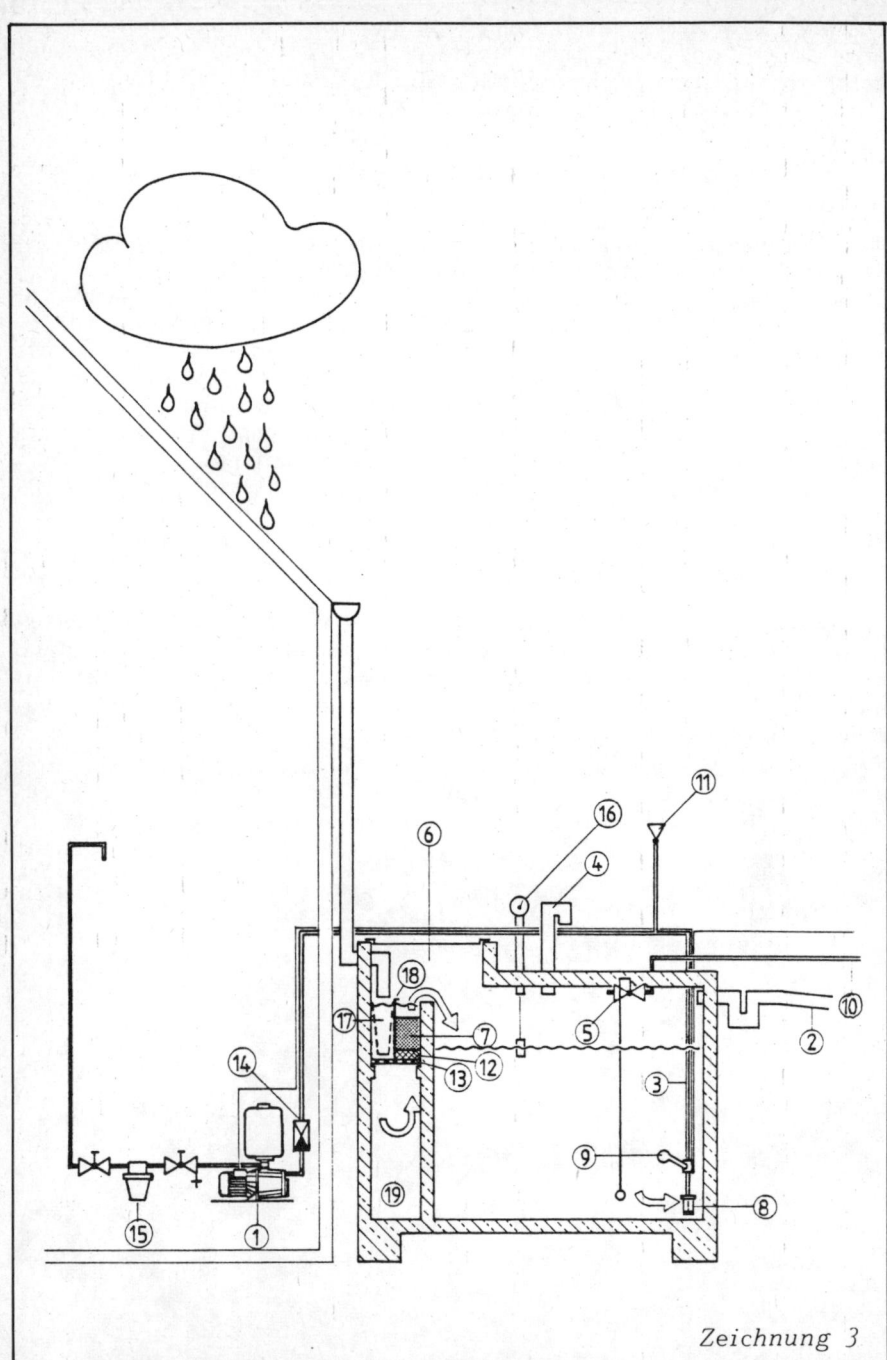

Zeichnung 3

Erläuterungen zu den Zeichnungen 3 und 4

(1) Dies ist das technische Herz der Anlage, ein **Hauswasserautomat.** Er besteht aus einer kräftigen und auf Dauereinsatz hin ausgelegten Pumpe, die von einem Druckwächter gesteuert wird. Wird irgendwo im Haus dem Brauchwassernetz Wasser entnommen, schaltet der am Pumpengehäuse angebrachte Druckwächter die Pumpe ein. Ein Druckbehälter, über oder neben der Pumpe angebracht, macht es möglich, kleinere Wassermengen zu zapfen, ohne daß dazu jedesmal die Pumpe anspringen muß.
Hauswasserautomaten werden in großer Auswahl von verschiedenen Herstellern auf dem deutschen Markt angeboten. Zum Teil werden sie seit Jahrzehnten nahezu unverändert gebaut. Zur Auswahl stehen grundsätzlich zwei Pumpentypen: Kolben- oder Kreiselpumpen. Für die Kreiselpumpe sprechen die kompakte Bauart und der günstige Anschaffungspreis. Demgegenüber verbraucht die Kolbenpumpe etwas weniger elektrische Energie und ist die ältere und erprobtere Bauart.
Beide Pumpentypen arbeiten zwar nicht laut, aber vernehmlich. Sollen sie neben oder unter bewohnten Räumen aufgestellt werden, empfiehlt sich deshalb die Montage auf sog. "Silent-Blocks"; außerdem sollten sie mit dem Rohrnetz nicht starr, sondern über eine flexible Kupplung (Kompensator) verbunden werden.

(2) Für den **Überlauf** verwendeten wir PVC-Rohr DN 100, welches wir mit einbetonierten. Notwendige Bestandteile des Überlaufs sind ein Geruchsverschluß und ein Gitter gegen Ratten. Die Oberkante des Überlaufs muß in der Zisterne mindestens 4 cm unter der Unterkante des Trinkwasserzulaufes liegen (DIN 1988).
Der Überlauf führt bei uns in die Kanalisation; eine Sickergrube oder ein Gartenteich wären natürlich dankbarere Abnehmer.

(3) Dies ist die Saugleitung der Pumpe, die im Idealfall etwa 1 m tief unter der Erde von der Zisterne in den Keller oder an sonst einen frostsicheren Ort führen sollte, an dem man die Pumpe aufstellen wird. So kann sie im Winter nicht einfrieren.

(4) Auch das **Lüftungsrohr** ist aus PVC, DN 100, und wurde gleich mit einbetoniert. Ein engmaschiges Gitter gegen alle möglichen Tierchen sollte hier ebenfalls angeordnet werden.

(5) Das **Trinkwasserzulauf-Schwimmerventil** läßt Trinkwasser nachfließen, sobald das Regenwasser bis auf etwa 10 cm aufgebraucht ist.

Die DIN 1988 (Norm für Trinkwasser-Leitungsanlagen in Grundstücken) verlangt, daß Trinkwasser mit anderen Wassersystemen nur mittelbar, d.h. über einen offenen Behälter (hier die Zisterne) verbunden werden, um einen Rückfluß von Nicht-Trinkwasser in das Trinkwassernetz auf jeden Fall zu verhindern. Deshalb muß auch der Zulauf des Trinkwassers mindestens 4 cm über der Oberkante des Überlaufs liegen.

(6) 100 x 100 cm großer **Inspektionsschacht.** Durch diese Öffnung die mit einem handelsüblichen Schachtdeckel geschlossen wird, kann man den im Querschnitt 45 x 100 cm großen Filterkasten reinigen. Außerdem kann man, am Filterkasten vorbei, in die Zisterne hinabsteigen.

(7) 50 kg **Blähton** als Filtermaterial.

(8) **Saugkorb** und **Rückschlagventil.** Leider war dieses, vom Pumpenhersteller gelieferte Ventil, nicht ganz dicht. Das führte zu allmählichem Druckverlust im Netz und deshalb zu periodischem, kurzzeitigem Anspringen der Pumpe, auch wenn kein Wasser entnommen wurde. Durch den Einbau eines zweiten Rückschlagventils (14) hinter der Pumpe schufen wir Abhilfe.
Der Tank sollte **keine** vertiefte Mulde für die Ansaugrohröffnung der Pumpe haben. Im Gegenteil sollte der Saugkorb etwa 5 cm über der Sohle des Tanks angeordnet sein. Dadurch verliert man zwar etwas Speicherkapazität, aber wenn man etwa 2 Jahre nach der ersten Inbetriebnahme zum ersten Mal den Tank säubert, ist der Boden mit einer dikken Schicht aus sehr feinem Schmutz bedeckt; das ist genau der Dreck, den die Pumpe nicht schlucken mußte, weil man das Saugrohr nicht vertieft angeordnet hat. Entsprechend verlängert sich die Lebensdauer der Pumpe.

(9) Der **elektrische Schwimmerschalter** schaltet die Pumpe ab, bevor diese wegen zu stark gefallenem Wasserspiegel Luft zieht. Auf diesen Schalter kann man verzichten, wenn gesichert ist, daß auch bei längeren Trockenperioden ein gewisser Mindestwasserstand durch das Trinkwasserschwimmerventil gehalten wird.

(10) **Trinkwasserleitung.**

(11) **Fülleitung** für das Saugrohr. Bevor die Pumpe zum ersten Mal Wasser aus der Zisterne saugen kann, muß das Saugrohr gefüllt werden. Anschließend wird die Fülleitung fest verschlossen.

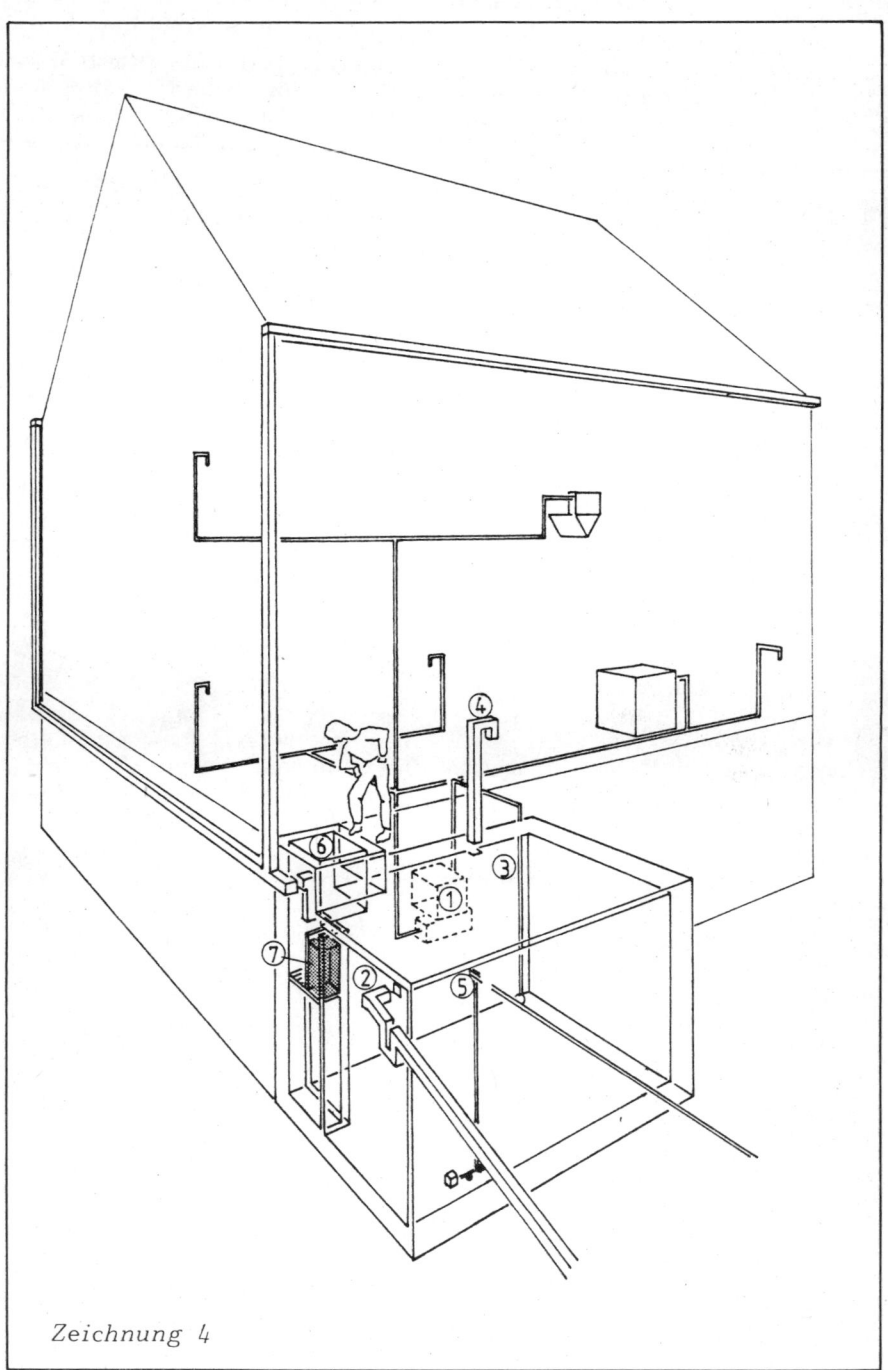

Zeichnung 4

(12) Nach kurzer Betriebszeit stellte sich heraus, daß sich das Feinfilter (15) sehr schnell zusetzte, weil die Blähtonfilterfüllung feine Schmutzfilterteilchen ungenügend zurückhielt. Das zusätzlich eingelegte, ca. 3 cm dicke **Kunststoffvlies**, das üblicherweise für Drainagen verwendet wird, schuf Abhilfe.

(13) Ein **Aluminium–Rollrost**, wie sie im Schwimmbadbau zur Abdeckung der Ablaufrinnen verwendet werden.

(14) **Rückschlagventil.** (siehe auch 8)

(15) Das **Feinfilter** hält sehr feine Schmutzteilchen fest, die sonst eventuell Beschädigungen an Rohren, Ventilen, Mischern, Waschmaschine usw. verursachen können. Zum Wechseln des Filtereinsatzes sind rechts und links des Gerätes Absperrventile angebracht.

(16) Diese **Füllstandsanzeige** findet man normalerweise auf Heizöltanks.

(17) **Laubsieb.**

(18) **Schieber** aus 2 cm starkem Aluminium–Blech, seitlich in Aluminiumschienen geführt.

(19) **Absetzraum.** Hier setzt sich ein großer Teil des im Regenwasser enthaltenen Schmutzes ab und muß periodisch entfernt werden.

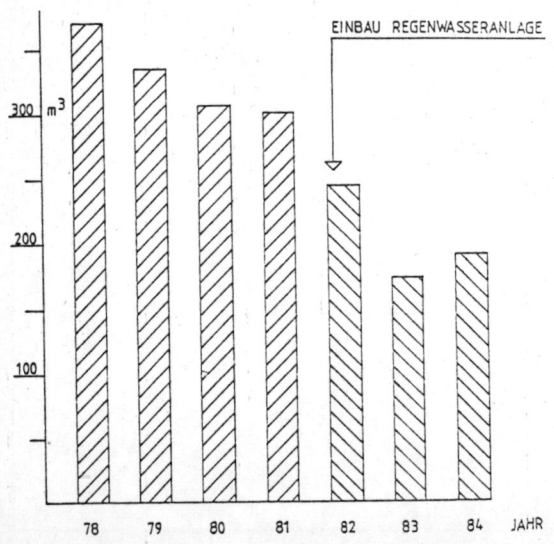

EINBAU REGENWASSERANLAGE

TRINKWASSERVERBRAUCH LUISENSTRASSE
1978 - 1984

300 m³ 200 100

78 79 80 81 82 83 84 JAHR

120

Wasserqualität

Hier sind wir beim dunkelsten Punkt der ganzen Geschichte angelangt. Das Wasser unserer Anlage ist optisch sauber, wenn es aus der Wasserleitung kommt. Lediglich nach langen Trokkenperioden hat der erste Schwall Wasser, der aus dem Filter in die Zisterne überläuft, eine leicht gelbe Färbung und riecht moderig, was vom langen Stehen über dem Absetzbecken des Filters herrührt. Die Benutzer der Anlage sind mit der Wasserqualität zufrieden; aber wie ist es mit den Qualitäten, die man nicht sieht? Enthält Regenwasser in unserer Industrielandschaft Inhaltsstoffe, die es zum Duschen z.B. ungeeignet machen? Ist die von uns betriebene Art der Filterung angemessen, müßte sie vielleicht aufwendiger sein (Aktivkohle, etc.)? Wie verändert sich das Wasser durch die Lagerung in der Zisterne? Wir versuchen zur Zeit, uns über diese Probleme einen Überblick zu verschaffen, weil wir der Meinung sind, daß sie im Zusammenhang z.B. eines solchen Buches diskutiert werden müßten. Zur Zeit der Drucklegung dieses Buches sind wir allerdings (noch) nicht in der Lage, diesbezüglich brauchbare Aussagen zu machen.

Obwohl wir bei der ausgeführten Anlage anders entschieden, würden wir deshalb potentiellen Selbstbauern einer Anlage des beschriebenen Typs empfehlen, das gewonnene Regenwasser nur für Waschmaschinen, Wagenwäsche, WC-Spülung und Garten zu verwenden und nicht für den Bereich der Körperhygiene (und selbstverständlich auch nicht für den menschlichen Genuß: in diesem Zusammenhang sind auch kleine Kinder im Haushalt in ihrem Verhalten einzukalkulieren).

Für uns ist der Einbau einer Regenwassersammelanlage ein Schritt auf dem Weg zum autarken Haus, das als Idealbild unsere Vorstellungen von haustechnischen Strukturen bestimmt.

Wir wünschen uns, daß möglichst viele Leute gute Ideen für Schritte in diese Richtung haben und freuen uns über Kontakte, Anregungen und Kritik.

Susanne Gross, Thomas Bösl   Noppiusstr.24, 5100 Aachen

7.0 Anhang

Bauteile für die Regenwassernutzung

Bei den Teilen für die Regenwasseranlage fängt man am besten beim Fallrohr an. Die billigste Lösung (DM 15,- bis 40,-) ist eine **Fallrohrklappe** (Baumarkt). Einige Fallrohrklappen haben ein grobes Sieb eingebaut, was zumindest Blätter und andere größere Teile gleich von der Anlage fernhält. Empfehlenswert ist es, oben in die Regenrinne zusätzlich einen **Laubfänger** einzubauen.

Bei nur geringem Regenwasserbedarf kann man sich mit etwas Geschick aus einem alten Stück Fallrohr durch Einbau von Leitblechen und Sieb einen **Anschlußstutzen** bauen, der den direkten Schlauchanschluß erlaubt. Dadurch wird zwar immer ein teil des Regenwassers vorbeifließen, man kann sich aber durch die Schlauchanschlußmöglichkeit einen zusätzlichen Überlauf am Becken ersparen (Abb. 7.0-1). Wenn das Becken voll ist, staut sich das Wasser im Schlauch bis an den Anschluß zurück. Wer diese bastlerische Möglichkeiten nicht hat, kann den **Retomat** (**Re**gen**to**nnen-Auto**mat**) als gelungenes Fertigteil einsetzen, Preis ca 40,- DM. Der Einbau ist sehr einfach, es muß lediglich darauf geachtet werden, daß der obere Wasserstand der Anlage mit der Einbauhöhe übereinstimmt. Der Retomat ist frostsicher und enthält gleichzeitig den Überlauf, während je nach Leitungsführung für eine separate Entlüftung gesorgt werden muß (dies gilt natürlich auch für obigen Selbstbauvorschlag).

Der **Sandfänger** für den Einbau in die Zuleitung zur Regenwasseranlage wurde bereits in Kapitel 3.5.2 vorgestellt.

Weitere mehr oder weniger nützliche Teile kann man in Kaufhäusern, Baumärkten und im Installationshandel erstehen. Ich möchte mich hüten, hier so eine Art Verkaufskatalog zusammen-

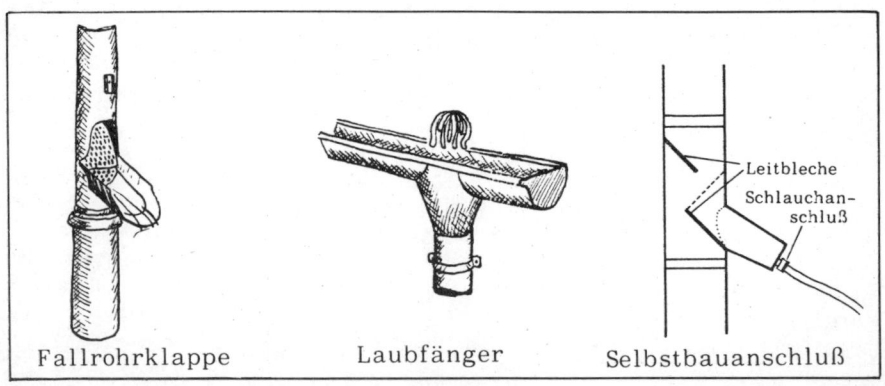

Leitbleche
Schlauchanschluß

Fallrohrklappe   Laubfänger   Selbstbauanschluß

7.0-1

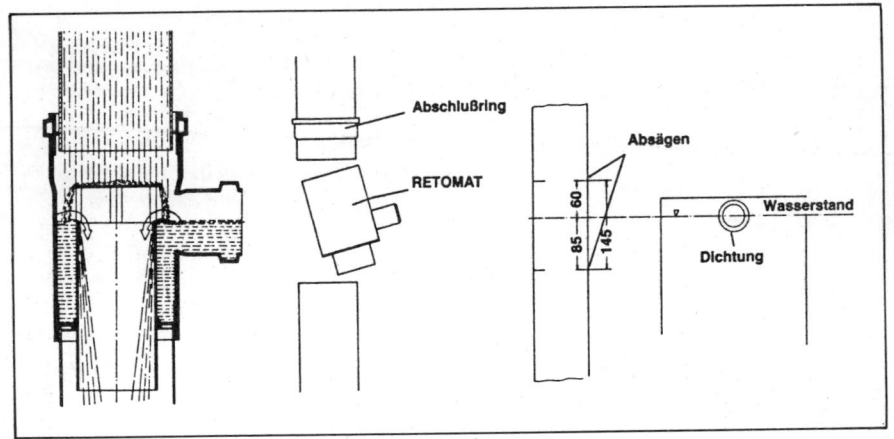

7.0-2 Retomat

zustellen. Den können Sie viel schöner und bunter im Handel
kostenlos bekommen. In diesem Sinne ist das Thema **Pumpe**
schnell erledigt: im Prinzip tut es jede Gartenpumpe, die zunächst keinen Hauswasserautomaten hat, aber erweiterbar ist.
Den Automatenzusatz gibt es auch einzeln zu kaufen - man er-
kundige sich im Fachhandel. Empfehlenswert ist es, Preise zu
vergleichen, der Preisunterschied für Pumpen gleicher Bauart
kann beträchtlich sein! Zuletzt noch eine Anmerkung zur Pumpenleistung. Es gibt sie meist im Bereich von 500 bis 1500 Watt.
Die 500 Watt-Versionen erreichen meist einen Druck von 3 bar,
bzw. eine Förderhöhe von 30 m, was auch für ein Mehrfa-
milienhaus absolut ausreichen ist.
Vor Tauchpumpen muß ich allerdings warnen, aus eigener
schlechter Erfahrung. Tauchpumpen werden in der Regel zum
Pumpen ins Wasser gestellt und anschließend wieder herausgenommen. In der Regenwasseranlage steht die Pumpe aber die
meiste Zeit still. So gut kann keine Dichtung sein, daß dies
auf Dauer gut geht. Und so war es auch bei mir nach einem
Jahr soweit, daß ich die Pumpe nur noch dadurch retten konnte, daß ich sie aus dem Wasser zog.
Hat man endlich die Anlage in ihrer einfachsten Form gebaut
und eine Weile in Betrieb, dann kommt irgendwann der Zeitpunkt, an dem man etwas Genaueres über den Füllstand des
Beckens wissen möchte. Eine elegante Lösung ist natürlich der
elektronische **Wasserstandsanzeiger** aus Kapitel 3.5. Aber die
Elektronik ist nicht jedermans Sache. Wer es einfacher möchte,
kauft eine solche Anzeige-Einheit für Heizöltanks. Hier wird
meist mit einem Schwimmer auf mechanischem Wege eine Anzeige-
uhr betätigt.
Ebenfalls ein interessantes Bauteil ist der unten abgebildete
Druckschalter aus einer alten Waschmaschine. Er besteht aus

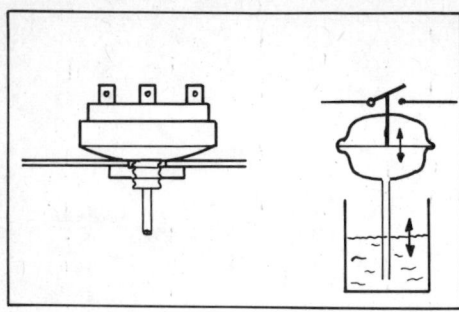

7.0-3 Druckschalter aus einer Waschmaschine

einem Gehäuse, in dem sich eine Membran befindet, die einen oder mehrere Schaltkontakte betätigt. Der Schalter wird oberhalb des maximalen Wasserstandes montiert. Von ihm hängt ein Schlauch oder Rohr ins Wasser. Das Wasser kann nun in den Schlauch steigen und komprimiert dabei die darin befindliche Luft. Diese drückt die Membran im Gehäuse des Schalters nach oben und betätigt die Schalter, die als Sprungkontakt d.h. mit sehr exaktem Schaltpunkt ausgeführt sind. Der Schaltpunkt läßt sich mittels verschiedener Stellschrauben einstellen. Bei mehreren Versuchen konnte ich damit in nur einigen cm Wasserhöhe schon einen exakten Schaltpunkt einstellen. In diesem Fall war der Schalter als Trockenlaufschutz für die Pumpe geeignet. Natürlich lassen sich auch andere Wasserstände damit schalten, so daß man beim Einsatz mehrerer solcher Druckschalter ebenfalls z.B. über Kontroll-Lampen eine stufenlose Füllanzeige realisieren kann.

Interessant sind sicher auch der Einbau von **Strom- und Wasserzähler** sowie **Betriebsstundenzähler** zur eigenen Kontrolle. Diese kann man, sofern sie nicht amtlich geprüft sein müssen, recht billig erstehen (Betriebsstunden- und Stromzähler je ca. 25,- DM, Wasseruhr ca. 80,- bis 100,- DM).

Für Leute, die die Wasserstandsanzeige nachbauen wollen, kann ich die in Kapitel 3.5.3 vorgestellte Platine liefern. Ich bitte dann der Einfachheit halber um Vorüberweisung auf mein Postgirokonto. Ich liefere innerhalb von 2 Tagen nach Eingang der Überweisung (bitte Stichwort "Wasserstandsmelder" angeben) eine geätzte, aber sonst unbearbeitete Epoxy-Platine, hergestellt nach dem Photo-Positiv-Verfahren.

Die Daten: 6,- DM auf Postgirokonto Köln 3251-503 (BLZ 370 100 50) für Wolfgang Bredow, Peiner Weg 50, 2804 Lilienthal - Kleinmoor.

Sofern eine fertige Platine gewünscht wird, bitte ich um Anfrage!

Übrigens - **individuelle Beratung** für den Selbstbau einer Anlage ist gegen Stundenhonorar ebenfalls möglich.

Bezugsquellen und Firmenadressen

Viele der verwendeten Teile sind im örtlichen Fachhandel erhältlich und auch auf Schrottplätzen kann man einiges finden, sofern man den Blick dafür hat. Bei den folgenden überregionalen Bezugsquellen sollte zunächst einmal. Prospektmaterial angefordert werden:

Teile zur Regenwassernutzung

Wagner & Co
Afföllerstr. 30
3550 Marburg

Retomat

Josef Schwarzkopf
Waldstr. 4
8359 Schöllnach

Elektronik-Bedarf

Völkner electronic
Postfach 5320
3300 Braunschweig

Werkzeug, Wassersparartikel

Westfalia
Werkzeugstr. 1
5800 Hagen 1

Silent-Blocks

Isoliertechnik & Schallschutz
GmbH
Offenbacher Landstr. 23-25
6453 Seligenstadt

Betonfertigteilbehälter

Werner Zapf
Beton- und Fertigteilwerke
Nürnbergerstraße 38
8580 Bayreuth

Menk'sche Betonsteinwerke
GmbH & Co.KG
Opladener Straße 160
4019 Monheim

Hornbach Kläranlagen
GmbH & Co.KG
6729 Hagenbach

Filter

Benckiser-Wassertechnik GmbH
Industriestraße
6905 Schriesheim/Heidelberg

Judo-Wasseraufbereitung GmbH
Postfach 380
7057 Winnenden

Cillichemie
Ernst Vogelmann GmbH & Co.
Bottwarbahnstraße 70
7100 Heilbronn

Kompensatoren

Witzenmann GmbH
Postfach 1280
7530 Pforzheim

Rudolf Stender GmbH
Postfach 65 02 20
2000 Hamburg 65

Hauswasserpumpen

KSB
Klein, Schanzlin & Becker AG
6710 Frankental

Speck-Kolbenpumpenfabrik
Otto Speck KG
Postfach 1240
8192 Geretsried 1

Nordsee-Pumpenfabrik GmbH
2112 Jesteburg b. Hamburg

Grundfos-Pumpenfabrik GmbH
Postfach
2362 Wahlstedt

Loewe Pumpenfabrik GmbH
Erbstorfer Landstraße 12
2120 Lüneburg

Die praktischen Sachbücher
zur umweltfreundlichen Technik

Claudia Lorenz–Ladener, Heinz Ladener
Solaranlagen
Theorie und Praxis der Sonnenkollektortechnik für die Warmwasserbereitung, Schwimm-
bad- und Raumheizung: eine verständliche und umfassende Darstellung der Kollektor-
technik für alle, die sich theoretisch und praktisch mit der Nutzung der Sonnenener-
gie beschäftigen oder eine Kollektoranlage kaufen oder selbst bauen wollen.
156 Seiten mit vielen Abb. 21 x 20 cm, 1985   22,00 DM

Gernot Minke
Alternatives Bauen
Ein Buch über das experimentelle Bauen mit unkonventionellen Baumaterialien: Lehm
Sand, Abfallmaterialien u.v.m... Vorsicht! Diese Versuche passen nur schwer in die
bundesdeutsche Normenlandschaft.
104 Seiten mit über 200 Abb., (DIN A4 quer), 1980   19,80 DM

Claudia Lorenz-Ladener
Solargewächshäuser
-Theorie und Praxis der passiven Sonnenenergienutzung.
Ein leicht verständliches Handbuch über die Möglichkeiten der passiven Sonnenenergienutzung, über die Dimensionierung solcher Systeme, über Planung, Konstruktion
und den Selbstbau von Gewächshäusern und Sonnenräumen als dem wohl vielseitigsten
passiven Solarsystem.
180 Seiten mit vielen Abb., 21 x 20 cm, 1981   19,80 DM

Claudia Lorenz-Ladener, Heinz Ladener
Baupläne für ein Solargewächshaus
Eine ausführliche Anleitung für den Selbstbau eines Solargewächshauses, freistehend
oder als Anlehngewächshaus, mit vielen detaillierten Konstruktionszeichnungen, Ma-
terialliste und Lieferhinweisen.
60 Seiten mit vielen Abb., DIN A4, + 1 maßstäbl. Faltplan, 1982   18,80 DM

Peter Weissenfeld
Holzschutz ohne Gift?
Holzschutz und Holzoberflächenbehandlung in der Praxis, mit vielen Anleitungen und
Rezepten zur "biologischen" Oberflächenbehandlung, für alle, die in Haus und Hof
selbst zum Pinsel greifen.
126 Seiten, DIN A5 1983   14,80 DM

Wolfgang Martin, Hrsg.
Biologische Abwasserreinigung im Haus
- Selbstbauanleitung für Komposttoilette, Grauwasserreinigung im Gewächshaus und
eine Pflanzenkläranlage.
Nach einer kurzen Darstellung der Abwasserproblematik wird in drei Anleitungen beschrieben, wie einfache Systeme zur Abwasserreinigung im häuslichen Bereich selbst
gebaut werden können.
72 Seiten mit vielen Abb., 21 x 20 cm, + 3 Faltpläne, 1984   14,80 DM

Richard Niemeyer
Der Lehmbau und seine praktische Anwendung
Nachdruck des Originalwerkes aus dem Jahre 1946: hier werden alle bekannten Techniken, den Lehm beim Hausbau zu verwenden, ausführlich und anschaulich dargestellt. Der Nachdruck soll dem gestiegenen Interesse an diesem natürlichen und vielseitigen Baustoff gerecht werden.
157 Seiten mit vielen Abb., DIN A5, 1946/1982   14,80 DM

Gernot Minke, Hrsg.
Bauen mit Lehm
Diese Schriftenreihe will bei dem zunehmenden Interesse am Lehmbau auf die Fragen von Architekten, Bauhandwerkern und Bauherrn eingehen und praktische Erfahrungen mit verschiedenen Lehmbautechniken, mit Maschinen und Geräten für die Verarbeitung vermitteln. Darüber hinaus gibt sie dem Leser einen Überblick über das aktuelle Geschehen im Lehmbau und bietet ein Forum für Meinungen und Erfahrungen aller im Lehmbau Tätigen.
Heft 1: Der Baustoff Lehm und seine Anwendung, 84 S.m.vielen Abb. 1984   14,80 DM
Heft 2: Der Stampflehmbau, 84 S.m.vielen Abb. 1985   14,80 DM

Albert Betz
Windenergie und ihre Nutzung durch Windmühlen
Nachdruck des Originalwerkes aus dem Jahre 1927: dieser Klassiker der Aerodynamik und Windmühlen beschreibt verständlich die Grundlagen der Windenergienutzung und zeigt, wie man Flügel für Langsam- und Schnelläufer berechnen kann.
64 Seiten mit vielen Abb., DIN A5, 1927/1982   8,50 DM

U. Stampa, E. Lerche, W. Bredow
Wind: Strom für das Haus
- eine Bauanleitung mit vollständigem Zeichnungssatz: hier wird der preiswerte und leichte Nachbau einer Windkraftanlage (Rotordurchmesser 2,2 m) beschrieben, durch die mittels einer Autolichtmaschine 200-400 Watt elektrische Leistung erzeugt werden kann - genug, um kleinere Verbraucher unabhängig mit elektrischem Strom zu versorgen.
80 Seiten mit zahlreichen Abb., DIN A4, 1983   18,80 DM

Siegfried Scheer
Stromsparen beim Waschen
Hier werden verschiedene Methoden des Umbaus von Wasch- und Geschirrspülmaschinen mit unterschiedlichem Bedienungskomfort so beschrieben, daß sie von versierten Heimwerkern leicht durchgeführt werden können. Jetzt kann z.B. auch Wärme von der Sonne für den Betrieb von Wasch- und Geschirrspülmaschine nutzbar gemacht werden.
68 Seiten mit vielen Abb., DIN A5, 1983   7,80 DM

Der Autor dieses Buches ist Mitglied der

Gruppe WINDWERK
Schweersweg 21
2800 Bremen 61

die sich mit den Möglichkeiten der Nutzung der Windenergie in dezentralen Einheiten befaßt.
Veröffentlichungen:

Kleinstwindkraftwerk / U. Stampa
Faltblatt mit Zeichnungen und Bauanleitung
1982, 4,- DM zuzgl. Porto

und in Zusammenarbeit mit dem Ökobuch-Verlag

Wind: Strom für das Haus / U. Stampa, E. Lerche, W. Bredow
Ausführliche Bauanleitung mit Zeichnungssatz für ein Kleinwindkraftwerk mit 2,2 m Rotordurchmesser, Aufbau und Beschreibung eines 12 V-Versorgungsnetzes, 1984
18,80 DM zuzgl. Porto

in Vorbereitung:

ein "Bilderbuch" über Selbstbau-Windkraftanlagen im Raum Bremen, mit Daten und technischen Details für Anlagen zur Hausheizung
Erscheinungstermin: Sommer 1985   Preis auf Anfrage